Synthetische
Geometrie der Kegelschnitte

in engster Verbindung
mit
neuerer und darstellender Geometrie.

Für die oberen Klassen höherer Lehranstalten

bearbeitet
von

A. Schulte-Tigges,
Direktor des Realgymnasiums zu Kassel.

Fünfte unveränderte Auflage.

Berlin W. 10
Druck und Verlag von Georg Reimer
1918.

Hauptsätze

der

Elementar-Mathematik

zum Gebrauche an höheren Lehranstalten

von

Dr. F. G. Mehler.

Bearbeitet von A. Schulte-Tigges,

Direktor des Realgymnasiums zu Kassel.

Ausgabe B.

Oberstufe I. Teil.

Synthetische Geometrie der Kegelschnitte in engster Verbindung mit neuerer und darstellender Geometrie.

Berlin W. 10

Druck und Verlag von Georg Reimer

1918.

Vorwort zur ersten Auflage.

Die außerordentlich weite Verbreitung der Schellbach-Mehlerschen „Hauptsätze der Elementar-Mathematik" beruht ohne Zweifel auf den anerkannten Vorzügen des Buches: Kurz und knapp in seinen Ausführungen und dabei doch klar und überzeugend, vermeidet es allen Ballast wie alle unnütze Wortklauberei, so daß es bei seinem verhältnismäßig geringen Umfang in der Tat das Wichtigste und Notwendigste aus der Schulmathematik enthält. Aber es entspricht der Entstehung des Buches, daß es den Anforderungen, die an realistischen Anstalten gestellt werden müssen, wie auch den neuen Lehrplänen überhaupt und insbesondere den neuesten Bestrebungen auf dem Gebiet des mathematischen Elementarunterrichts, wie sie durch die Unterrichtskommission der Naturforscherversammlung festgelegt worden sind, nicht genug Rechnung trägt.

Der Anschluß an diese Ziele soll nun in der folgenden Weise erstrebt werden. Das Stammbuch selbst wird in einer im einzelnen wenig veränderten Ausgabe bestehen bleiben, die indessen soweit ergänzt werden soll, wie es die Lehrpläne von 1901 hinsichtlich der Lehraufgabe der Gymnasien erfordern. Daneben aber soll, in Unter- und Oberstufe getrennt, eine den angedeuteten methodischen Gesichtspunkten gerecht werdende Neuausgabe erscheinen, die, dem Umfang nach den realistischen Anstalten angepaßt, doch auch mit Auswahl an den Gymnasien benutzbar sein dürfte. In Zukunft würden also diese Ausgaben zu unterscheiden sein:

Ausgabe A: Mehler-Schulte-Tigges, Stammbuch (Vollausgabe).
Ausgabe B: Schulte-Tigges-Mehler, Neuausgabe.
Unterstufe,
Oberstufe.

I. Teil: Synthetische Geometrie der Kegelschnitte in engster Verbindung mit neuerer und darstellender Geometrie.

II. Teil: Arithmetik, Trigonometrie, Stereometrie.

III. Teil: Funktionale Geometrie[1]) (Graphische Darstellung von Funktionen, Analytische Geometrie der Ebene, Grundzüge der Differential- und Integralrechnung).

Die Oberstufe der neuen Ausgabe erscheint in drei getrennten Teilen, damit jeder Teil für sich in Gebrauch genommen und (insbesondere Teil I und III) als Ergänzung zu der Ausgabe A wie zu jedem andern mathematischen Lehrbuch benutzt werden kann. Hiervon bildet das vorliegende Bändchen den ersten Teil. Es handelt sich darin um eine möglichst enge Verbindung der synthetischen Geometrie der Kegelschnitte mit Elementen der neueren und der darstellenden Geometrie, also um eine Verbindung, die die Wissenschaft längst vollzogen hat. Wenn somit hier Gebiete, deren Durchnahme die Lehrpläne — in den Grundzügen auch für die Gymnasien — vorschreiben, in die engste Beziehung gesetzt werden, so kann von einer Vermehrung des Stoffes oder der Arbeitslast gar keine Rede sein, vielmehr dürfte mit Recht in dieser Verbindung eben eine ganz besondere Erleichterung gegenüber der anscheinend noch vielfach gebräuchlichen getrennten Behandlung erblickt werden.

Der als „Einleitung in die neuere Geometrie" bezeichnete Abschnitt ist, einige Änderungen und Zusätze ausgenommen, die größtenteils durch die Verwendung in den nachfolgenden Abschnitten bedingt waren, mit Erlaubnis der Schellbach-Mehlerschen Erben dem Stammbuch entnommen, aber so gestaltet worden, daß jede Bezugnahme auf letzteres vermieden ist und das vorliegende Buch ohne Bedenken an Schulen gebraucht werden kann, die das Stammbuch selbst nicht benutzen. Aus naheliegenden Gründen haben Kürzungen hierbei nicht stattgefunden, obwohl sie in den Teilen C, D und E zulässig und zweckmäßig sein dürften.

Völlig neu sind dagegen die übrigen Abschnitte. In dem der darstellenden Geometrie gewidmeten Teil handelt es sich nur darum,

[1]) Eine Bezeichnung, die sich noch genauer mit dem Gegenstande deckte, war nicht zu finden.

von ihrem Wesen und ihren Hülfsmitteln eine klare Anschauung zu geben. Es ist daher unter den zu behandelnden Aufgaben eine Auswahl getroffen worden, die auf irgend welche Vollständigkeit gar keinen Anspruch macht, aber für den Unterricht in den Pflichtstunden selbst an realistischen Anstalten (nicht für das wahlfreie Linearzeichnen) sicherlich ausreicht. In der nun folgenden synthetischen Geometrie der Kegelschnitte ist, von dem ersten Teil abgesehen, wo Ellipse, Parabel und Hyperbel als geometrische Örter eingeführt werden, die starre Euklidische Methode, die erfahrungsgemäß die Schüler auf dieser Stufe nicht mehr genug fesselt, verlassen und durch Betrachtung dieser Kurven als Kreisprojektionen der engste Anschluß an die Lehre von Pol und Polare gewonnen worden. Da das Entwerfen der Figuren 70—72 an der Schultafel immerhin schwierig und zeitraubend ist, bei Wiederholungen auch mehrere dieser Figuren gleichzeitig vorhanden sein müssen, so sind dieselben als Wandtafeln im Format 95×130 cm besonders herausgegeben worden und zum Preise von 10 M für jede der beiden Tafeln von der Verlagsbuchhandlung zu beziehen.*) Dem Buche selbst sind mehrere Tafeln in Buchformat, die von den Figuren 70—72 insbesondere den Kegel, die Schnittlinie, die Projektionsachse und die Verschwindungslinie wiedergeben, zum Abtrennen beigeheftet. Sie sollen den Schülern als Vorlage dienen für die nach §§ 96—104 notwendigen Zeichnungen, wobei natürlich nicht ausgeschlossen, vielmehr wünschenswert ist, daß die Schüler die Schnittlinie vorher selbst zeichnen lernen.

Für die Darbietung des Stoffes waren die von der Unterrichtskommission der Naturforscher-Versammlung aufgestellten und unzweifelhaft als richtig anzuerkennenden Gesichtspunkte maßgebend, daß im mathematischen Unterricht in erster Linie die Stärkung des räumlichen Anschauungsvermögens und die Erziehung zur Gewohnheit des funktionalen Denkens erstrebt werden soll. Daß das räumliche Vorstellungsvermögen durch eine Verbindung der synthetischen Geometrie der Kegelschnitte mit der darstellenden Geometrie wie durch die letztere

*) Die Tafeln sind zweifarbig auf Leinen gedruckt und mit Stäben versehen. Auch die Figuren 66—69 sollen als Wandtafeln herausgegeben werden, wenn es sich zeigt, daß die obigen Tafeln Anklang finden.

selbst bedeutend gefördert wird, bedarf keiner näheren Begründung. Von diesem Standpunkt aus ist auch mit Absicht vermieden worden, durch Drehung der Bildebene um die Projektionsachse die Schnittlinie in den Figuren 66—72 zu einem affinen oder kollinearen Bilde des Kreises in der Ebene werden zu lassen, weil dadurch die unmittelbare Anschauung des räumlichen Zusammenhangs verloren geht. Das funktionale Denken aber findet reiche Betätigung besonders beim Verfolgen der Abhängigkeit, die zwischen der abgebildeten Figur und ihrem Bilde besteht; man beachte in dieser Beziehung insbesondere die Erörterungen der §§ 96—104.

Mit Rücksicht darauf, daß das Buch nicht nur den realistischen Anstalten dienen soll und die zahlreichen Abbildungen und Tafeln den Preis ohnehin erhöhen, ist der Stoff möglichst beschränkt worden. Es fehlen daher Affinität und Kollineation in der Ebene, die Involution, Axonometrie und Kartenprojektion. Wo die Möglichkeit und Neigung vorhanden ist, auf diese Gegenstände näher einzugehen, wird dies im Anschluß an das vorliegende Buch recht wohl geschehen können; insbesondere sind die §§ 46, 52, 53 und 54, die sonst ausgelassen werden können, sowie Abschnitt I E und der letzte Abschnitt über die Kegelschnitte als Erzeugnisse projektiver Gebilde zur Vermittelung dieses Anschlusses bestimmt. Andererseits dürfte sich das Buch auch für die Gymnasien eignen, da mit Leichtigkeit ganze Abschnitte ausgeschaltet werden können, wie z. B. ID, E, IIC, IIIB und D, während die übrigen nach Bedürfnis Kürzungen vertragen.

Für alle Wünsche und Ratschläge bezüglich weiterer Ausgestaltung des vorliegenden Leitfadens wird der Verfasser den Fachgenossen dankbar sein.

Cassel, im Juni 1907.

A. Schulte-Tigges.

Inhaltsübersicht.

Erster Abschnitt.

Einleitung in die neuere Geometrie.

A. Harmonische Punkte und Strahlen.

§ 1. 1) Erklärung. Eine Strecke (AB) heißt harmonisch geteilt, wenn sie innen und außen (in C und D) nach demselben Verhältnis geteilt (also $AC:BC = AD:BD$) ist. Die vier End- und Teilpunkte heißen harmonische Punkte (A, C, B, D), und sowohl die Endpunkte (A und B) als auch die Teilpunkte (C und D) heißen zugeordnete harmonische Punkte.

2) Aufgabe. Eine Strecke harmonisch nach dem Verhältnis zweier gegebenen Strecken m und n (oder Zahlen p und q) zu teilen.

Auflösung. Man zieht durch A und B zwei Parallele und trägt auf der ersten $AF = m$, auf der zweiten BG und $BH = n$ ab. Die Geraden FG und FH schneiden AB in den gesuchten Teilpunkten C und D. — Denn es ist $AC:BC = AF:BG = m:n$ und $AD:BD = AF:BH = m:n$.

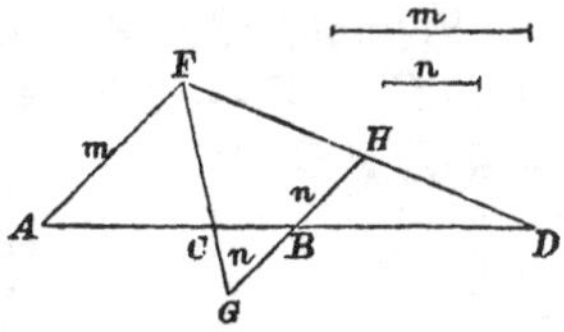

Fig. 1.

(Ist das Teilungsverhältnis durch zwei ganze Zahlen gegeben, so verschafft man sich durch Vervielfältigung einer willkürlich gewählten Länge zwei Strecken, die sich wie diese Zahlen verhalten.)

3) Fällt der innere Teilpunkt in den Halbierungspunkt der Strecke, so liegt der äußere im Unendlichen. (Wird $m = n$, so wird $AC = BC$, es geht FH in die zu AB parallele Lage über, und der Punkt D rückt in unendliche Ferne. Man sagt daher: Zwei parallele Gerade besitzen einen unendlich entfernten Durchschnittspunkt.)

4) Durch drei Punkte ist der vierte, dem einen von ihnen zugeordnete harmonische Punkt eindeutig bestimmt. (Um zu A, C, B den dem Punkt C zugeordneten vierten harmonischen Punkt zu kon-

struieren, lege man durch A und B zwei Parallele und durch C irgend eine sie schneidende Gerade FG, trage BG in entgegengesetzter Richtung bis H ab und ziehe die Gerade FHD.)

5) Ist AB in C und D harmonisch geteilt, so ist auch DC in B und A harmonisch geteilt, und zwar nach dem Verhältnis $(m+n):(m-n)$, wenn das Teilungsverhältnis für AB gleich $m:n$ ist.

Beweis. Aus $AC:BC = AD:BD$ folgt $DB:CB = DA:CA$. Ferner folgt aus $AC:BC = m:n$ und $AD:BD = m:n$, wenn $AB = c$ gesetzt wird:

$$AC:c = m:(m+n) \text{ und } AD:c = m:(m-n), \text{ also}$$

$$AC = \frac{cm}{m+n},\ AD = \frac{cm}{m-n},\ \text{folglich } \frac{DA}{CA} = \frac{m+n}{m-n}.$$

§ 2. 1) Erklärung. Eine Größe heißt das harmonische Mittel zu zwei anderen, wenn ihr reziproker Wert das arithmetische Mittel (d. h. die halbe Summe) der reziproken Werte der beiden anderen ist.

2) Lehrsatz. Eine harmonisch geteilte Strecke ist das harmonische Mittel zu den Abständen der Teilpunkte von dem nicht zwischen ihnen liegenden Endpunkte der Strecke.

Beweis. Aus $AC:BC = AD:BD$ folgt $AC.BD = AD.BC$, also $AC.(AD - AB) = AD.(AB - AC)$, $2AC.AD = AD.AB + AC.AB$,

$$\frac{1}{AB} = \tfrac{1}{2}\left(\frac{1}{AC} + \frac{1}{AD}\right).$$

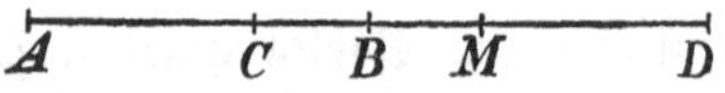

Fig. 2.

3) Lehrsatz. Die Hälfte einer harmonisch geteilten Strecke ist das geometrische Mittel der Abstände der Teilpunkte vom Halbierungspunkte der Strecke.

Beweis. Ist DC in M halbiert, so folgt aus $AC.BD = AD.BC$:

$$(MA - MC)(MB + MC) = (MA + MC)(MC - MB),$$

oder nach Auflösung der Klammern:

$$MC^2 = MA.MB.$$

§ 3. 1) Erklärung. Vier Gerade, die durch einen Punkt nach vier harmonischen Punkten gezogen sind, heißen harmonische Strahlen oder ein harmonisches Strahlenbüschel.

2) Folgerungen. a) Zwei Seiten eines Dreiecks, die Mittellinie zur dritten und die Parallele zur dritten aus dem Schnittpunkt der beiden ersten bilden ein harmonisches Strahlenbüschel. (§ 1,3.)

b) Zwei sich schneidende Gerade und die Halbierungslinien ihrer Winkel bilden ein harmonisches Strahlenbüschel. (Nach dem Satz: Die Halbierungslinie eines Innen- oder Außenwinkels eines Dreiecks teilt die Gegenseite nach dem Verhältnis der anliegenden Seiten.)

§ 4. 1) Lehrsatz. Jede Gerade wird durch vier harmonische Strahlen in vier harmonischen Punkten geschnitten.

Beweis. Es seien A, C, B, D vier harmonische Punkte, also FA, FB, FC, FD vier harmonische Strahlen. Zieht man durch B zu AF die Parallele GH, so wird $BG = BH$, weil

$$\frac{AF}{BG} = \frac{AC}{BC}, \quad \frac{AF}{BH} = \frac{AD}{BD}$$

und nach der Voraussetzung

$$\frac{AC}{BC} = \frac{AD}{BD}$$

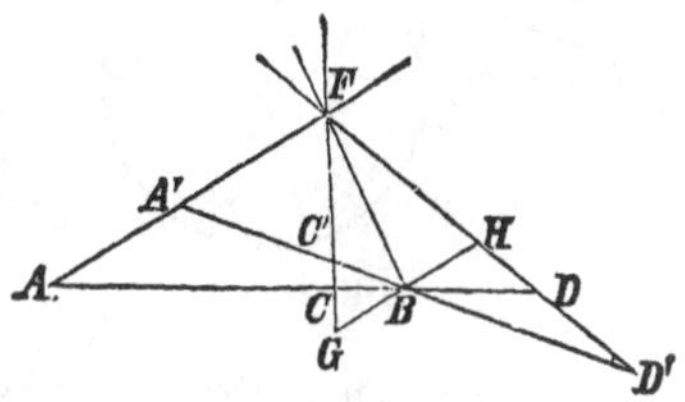

Fig. 3.

ist. Zieht man ferner durch B die alle vier Strahlen schneidende Gerade $A'C'BD'$, so wird nach § 1,2 $A'B$ in C' und D' harmonisch geteilt. Also sind sowohl G, B, H und der unendlich entfernte Punkt der Geraden GH, als auch A', C', B, D' harmonische Punkte. Jede nicht durch B gehende Gerade, welche die vier Strahlen schneidet, ist einer bestimmten durch B gehenden parallel, und ihre Abschnitte sind daher denen der letzteren proportioniert, also wird auch sie in vier harmonischen Punkten geschnitten.

2) Zusätze. a) Auf einer Parallelen zu einem von vier harmonischen Strahlen begrenzen die drei anderen zwei gleiche Strecken.

b) Durch drei Strahlen ist der vierte, dem einen von ihnen zugeordnete harmonische Strahl eindeutig bestimmt. (Denn er muß irgend eine die drei Strahlen schneidende Gerade in dem vierten harmonischen Punkte zu den drei Schnittpunkten treffen.)

3) Lehrsatz. Stehen zwei zugeordnete Strahlen aufeinander senkrecht, so halbieren sie die Winkel der beiden andern Strahlen.

Beweis. Wird in Fig. 3 vorausgesetzt, daß $FA \perp FB$, so ist auch $GH \perp FB$ und $\triangle FBG \cong FBH$, also $\sphericalangle BFG = BFH$. Der Strahl FA halbiert den Nebenwinkel des Winkels CFD.

4) Zusatz. Halbiert in einem harmonischen Strahlenbüschel ein Strahl den Winkel zweier andern, so steht er auf dem zugeordneten Strahl senkrecht.

Beweis. Halbiert FB in Fig. 3 den Winkel CFD, so verhält sich $CB:DB = FC:FD$, also auch $AC:AD = FC:FD$, oder FA halbiert den Außenwinkel des Dreiecks CFD, steht also auf FB senkrecht.

§ 5. 1) Lehrsatz. Errichtet man über dem Abstand zweier zugeordneten harmonischen Punkte als Durchmesser einen Kreis, so haben die Abstände aller Punkte desselben von den beiden anderen harmonischen Punkten ein konstantes Verhältnis.

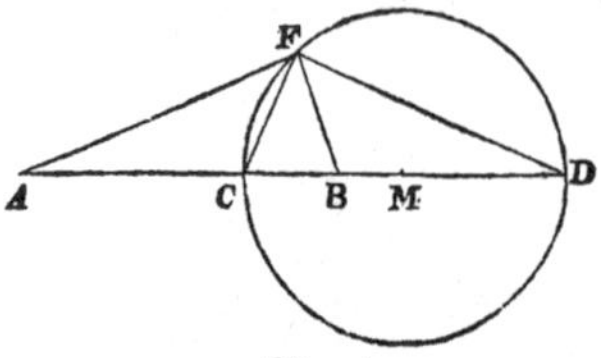

Fig. 4.

Beweis. Es ist nach § 4,3 für jeden Punkt F des Kreises $\sphericalangle AFC = BFC$, daher teilt FC die Gegenseite im Verhältnis der anliegenden Seiten, oder

$$\frac{AF}{BF} = \frac{AC}{BC}.$$

2) Zusatz. Der Ort aller Punkte, deren Entfernungen von zwei gegebenen Punkten (A und B) ein gegebenes Verhältnis ($m:n$) haben, ist der Kreis, der den Abstand der beiden Punkte nach diesem Verhältnis teilt und den Abstand der Teilpunkte zum Durchmesser hat. (Apollonischer Kreis.)

Beweis. Es sei F ein Punkt des Ortes, also $AF:BF = m:n$. Teilt man die Strecke AB in C und D nach dem Verhältnis $m:n$ und zieht FC und FD, so halbieren diese Linien, da sie in dem Dreieck FAB die Gegenseite im Verhältnis der anliegenden Seiten teilen, den Winkel AFB und seinen Nebenwinkel, und es ist folglich $\sphericalangle CFD$ ein Rechter. Daher liegt notwendig der Punkt F auf dem Kreise mit dem Durchmesser CD. Auch genügt nach 1) jeder Punkt dieses Kreises der für F aufgestellten Bedingung.

§ 6. 1) Erklärung. Ein vollständiges Vierseit wird gebildet durch vier sich schneidende gerade Linien (AB, AC, BD, CF) Ein vollständiges Vierseit hat sechs Ecken (A, F, B, G, C, D) und drei Diagonalen (AG, FD, BC).

2) Lehrsatz. Jede der Diagonalen eines vollständigen Vierseits wird durch die beiden anderen harmonisch geteilt.

Beweis. Man denke sich zu BC, BD, BA den vierten, BC zugeordneten, und ebenso zu CB, CF, CA den vierten, CB zugeordneten harmonischen Strahl. Jeder dieser Strahlen trifft die Diagonale AGI in dem vierten, dem Punkte I zugeordneten harmonischen Punkt zu A, G und I; die Strahlen schneiden sich also auf AG. Jeder der beiden Strahlen trifft aber auch die Diagonale FDL in dem vierten, dem Punkte L zugeordneten harmonischen Punkt zu F, D und L; die Strahlen schneiden sich also auch auf der Diagonale FD. Ihr Durchschnittspunkt muß daher notwendig in den Punkt H fallen, wo AG und FD sich schneiden; d. h. es ist die Diagonale AG in H und I, und FD in H und L harmonisch geteilt. Zieht man ferner AL, so sind die Strahlen AB, AI, AC, AL harmonisch, weil sie durch die harmonischen Punkte F, H, D, L gehen; sie teilen mithin auch die Diagonale BC harmonisch in I und L.

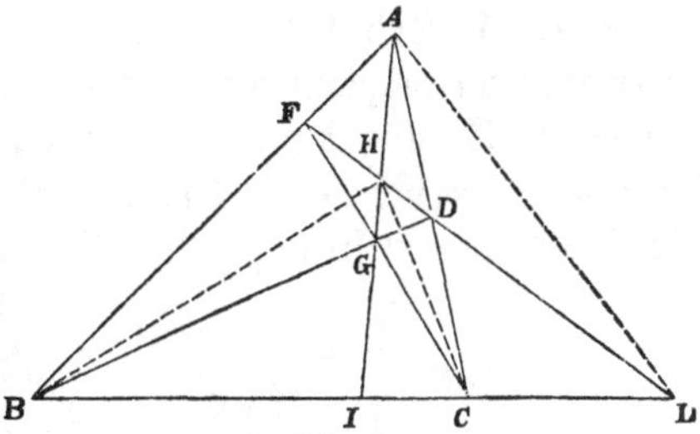

Fig. 5.

3) Aufgabe. Durch einen gegebenen Punkt P nach dem unzugänglichen Schnittpunkt X zweier Geraden g_1 und g_2 eine Gerade zu ziehen

Auflösung. Der Gang der Konstruktion entspricht der alphabetischen Reihenfolge der Buchstaben in Fig. 5a.

Beweis. In Figur 5 bilden die von B ausgehenden Strahlen ein harmonisches Strahlenbüschel, das auch FC in harmonischen Punkten schneidet. Demgemäß trifft in Fig. 5a XP sowohl wie XH die Strecke CA in dem E zugeordneten harmonischen Punkt. XP und XH fallen also zusammen, oder PH geht durch X.

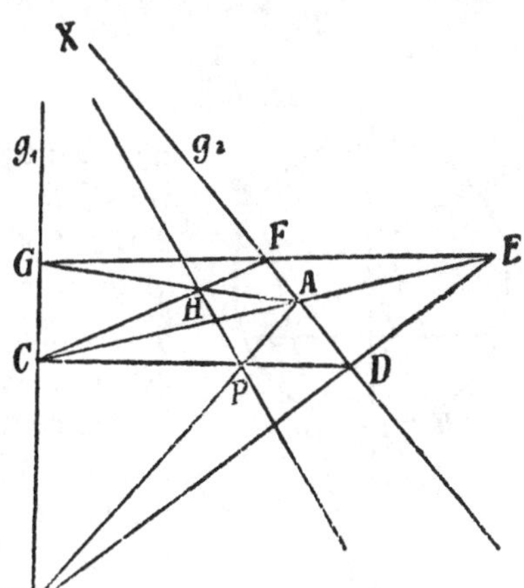

Fig. 5a.

Bemerkung. Liegt P nicht zwischen den Geraden, so verfahre man in entsprechender Weise. (Vgl. auch § 10,4.)

B. Von den Kreispolaren.

§ 7. 1) Lehrsatz. Wenn beliebig viele Sehnen eines Kreises (oder ihre Verlängerungen) sich in einem festen Punkte schneiden, so werden sie sämtlich durch den festen Punkt und eine bestimmte Gerade harmonisch geteilt. — Diese Gerade heißt die **Polare** des festen Punktes, und der feste Punkt heißt der **Pol** der Geraden.

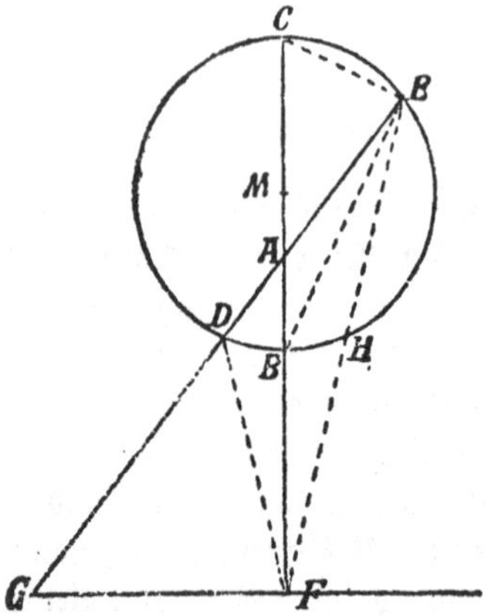

Fig. 6a.

Beweis. a) Innerhalb des Kreises M (Fig. 6a) sei der feste Punkt A gegeben. Man ziehe durch ihn den Durchmesser BC und eine beliebige Sehne DE, bestimme auf BC und DE den äußeren, dem Punkte A zugeordneten harmonischen Teilpunkt F bezw. G und ziehe von E und F nach den harmonischen Punkten B, C, A, F bezw. D, E, A, G die Strahlen, soweit sie nicht schon vorhanden sind. Dann sind die von E und F ausgehenden Strahlenbüschel harmonisch, und es ist, da $\sphericalangle CEB = 1R$, (nach § 4,3) $\sphericalangle DEB = \sphericalangle HEB$ oder $\widehat{BD} = \widehat{BH}$. D und H liegen also symmetrisch zu BC; daher ist $\sphericalangle DFB = \sphericalangle HFB$ und (nach § 4,4) $FG \perp FA$. Da aber DE ganz beliebig durch A gezogen ist, so müssen auch die vierten harmonischen Punkte aller übrigen durch A gehenden Sehnen auf der Senkrechten liegen, die im vierten harmonischen Punkt des Durchmessers BC errichtet ist. Die Gerade FG (und ihre Verlängerung) ist daher die Polare des Punktes A.

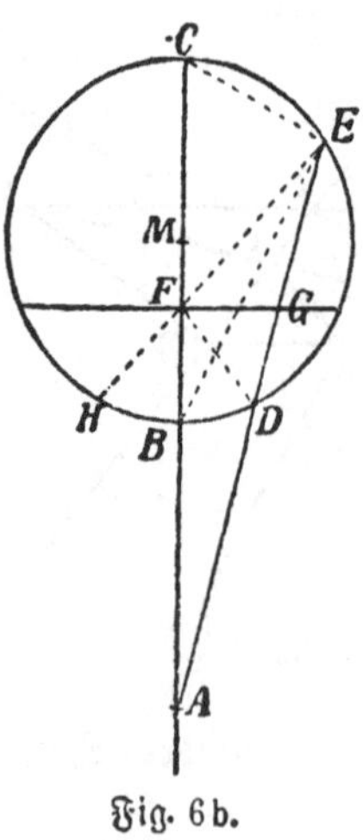

Fig. 6b.

b) Liegt der feste Punkt A außerhalb des Kreises M (Fig. 6b), so bleibt der Beweis wörtlich derselbe, nur sind F und G diesmal die inneren harmonischen Teilpunkte.

2) Zusatz. Durch den Pol und seine Polare wird jede durch ersteren gehende Sehne eines Kreises harmonisch geteilt.

§ 8. Folgerungen. 1) Dreht sich (in Fig. 6b) die Sekante AE um den festen Punkt A, so fallen schließlich ihre Schnittpunkte D und E zusammen. Die Gerade FG, welche stets zwischen den Schnittpunkten hindurchgeht, trifft also den Kreis in den Berührungspunkten der Tangenten, die man von A aus an ihn ziehen kann. — Die Berührungssehne zweier Tangenten ist also die Polare ihres Schnittpunktes — oder — der Schnittpunkt zweier Tangenten ist der Pol der Berührungssehne.

2) Rückt (in Fig. 6a) A auf B zu, so nähert sich auch F dem Punkte B, und fällt A mit B zusammen, so wird seine Polare FG Tangente in B. Daher: Für einen Punkt des Kreises selbst ist die Tangente zugleich die Polare.

3) Der Pol eines Durchmessers liegt im Unendlichen, und zwar in der Richtung der Tangenten in seinen Endpunkten. Unendlich fern liegt auch die Polare des Kreismittelpunktes.

§ 9. 1) Aufgabe. Zu einem gegebenen Punkte in Bezug auf einen gegebenen Kreis die Polare nur mit Hülfe des Lineals zu konstruieren.

Auflösung. Man ziehe durch den gegebenen Punkt 1 zwei beliebige Gerade, die den Kreis in den Sehnen 23 und 45 schneiden, bestimme den Schnittpunkt 6 der Sehnen 24 und 35 und den Schnittpunkt 7 der Sehnen 25 und 34. Die Gerade, die man durch 6 und 7 legt, ist die gesuchte Polare des Punktes 1.

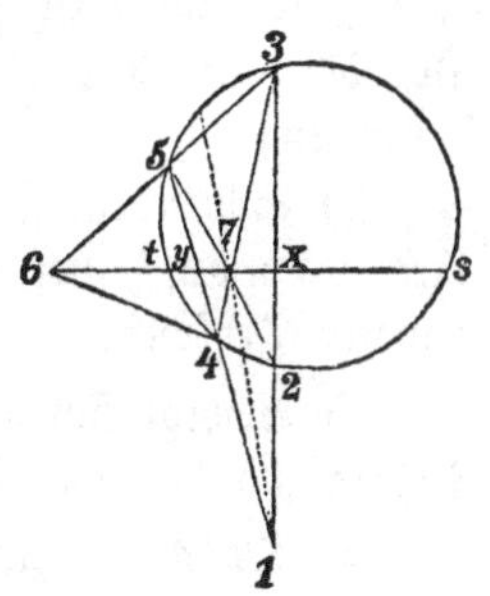

Fig. 7.

Beweis. Die Gerade 67 schneide 23 in x, 45 in y. Die genannten drei Geraden sind die Diagonalen des vollständigen Vierseits, das die Geraden 25, 26, 34, 36 zu Seiten hat. Nach § 6,2 ist also 23 in 1 und x, und 45 in 1 und y harmonisch geteilt, mithin nach § 7,1 xy, also auch die mit ihr zusammenfallende Gerade 67, die Polare des Punktes 1.

Bemerkung. Liegt der gegebene Punkt 1 innerhalb des Kreises, so bleiben Auflösung und Beweis dem Wortlaut nach vollständig bestehen, doch ist die Figur neu zu zeichnen.

2) Anmerkung. Die Konstruktion der Tangenten aus einem außerhalb des Kreises liegenden Punkte 1 ist hiernach ebenfalls mittels des Lineals allein ausführbar. (Die Punkte s und t der Figur sind die Berührungspunkte.)

§ 10. 1) Lehrsatz. Die Polaren aller Punkte einer Geraden gehen durch den Pol der Geraden.

Beweis. st sei die gegebene Gerade, 1 ihr Pol, x ein beliebiger Punkt der Sehne st. Durch die Punkte 1 und x wird die Sehne 23 harmonisch geteilt. Nun muß nach § 7,1 die Polare des Punktes x die Gerade $3x2$ in dem vierten, dem Punkte x zugeordneten harmonischen Punkt treffen; sie geht also durch den Punkt 1, den Pol der Geraden st. Ist 6 ein Punkt auf der Verlängerung der Sehne st, so ist nach § 9,1 die Gerade 17 die Polare des Punktes 6, sie geht also ebenfalls durch den Pol von st. — Ist in (Fig. 6a) FG die gegebene, den Kreis nicht schneidende Gerade und A ihr Pol, so sind nach § 7,1 G, A, D, E harmonische Punkte. Nun wird jede durch G gehende Sehne durch G und die Polare von G harmonisch geteilt; folglich geht diese Polare durch den Punkt A.

2) Folgerungen. a) Liegen drei Punkte auf derselben Geraden, so schneiden sich ihre Polaren in demselben Punkte, dem Pol der Geraden. (Dies folgt unmittelbar aus Nr. 1.) — Umkehrung:

b) Schneiden sich drei Gerade in demselben Punkte, so liegen ihre Pole auf einer Geraden, der Polare des Punktes. — Oder in anderer Fassung:

c) Bewegt sich ein Punkt auf einer Geraden, so dreht sich seine Polare um den Pol dieser Geraden, — und

d) Dreht sich eine Gerade um einen Punkt, so bewegt sich ihr Pol auf der Polare dieses Punktes. — Oder:

e) Bewegt sich ein Punkt auf einer Geraden, so geht die Berührungssehne der von ihm aus gezogenen Tangenten durch einen festen Punkt, den Pol der Geraden, — und

f) Dreht sich eine Sehne um einen Punkt, so bewegt sich der Durchschnittspunkt der in ihren Endpunkten angelegten Tangenten auf einer festen Geraden, der Polare des Punktes.

3) Aufgabe. Den Pol einer Geraden nur mit dem Lineal zu konstruieren.

Auflösung. Man konstruiere nach § 9,1 zu zwei Punkten der Geraden die Polaren, so ist ihr Schnittpunkt der gesuchte Pol.

4) Aufgabe. Wie § 6,3.

Auflösung. Man zeichne einen Kreis durch P, der die ge-

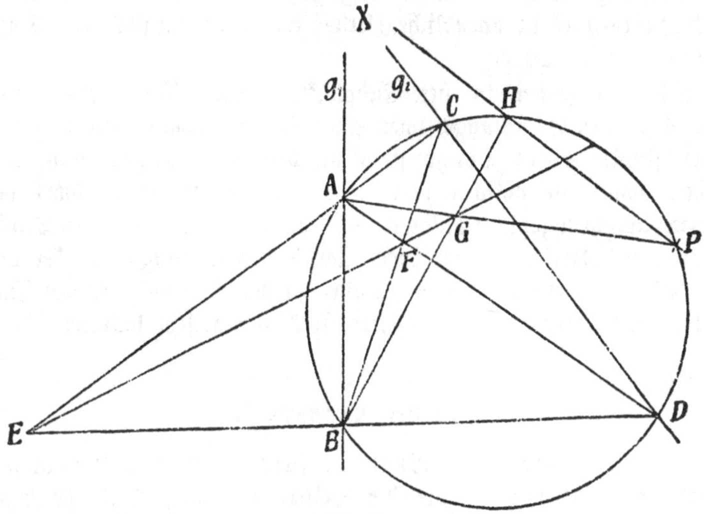

Fig. 7a.

gebenen Geraden schneidet, und verfahre nach der alphabetischen Reihenfolge der Buchstaben in Fig. 7a.

Beweis. EF ist die Polare von X; XP schneide den Kreis in H', dann müssen sich AP und BH' in G auf EF schneiden. BH' fällt also mit BH, H' mit H zusammen oder PH geht durch X.

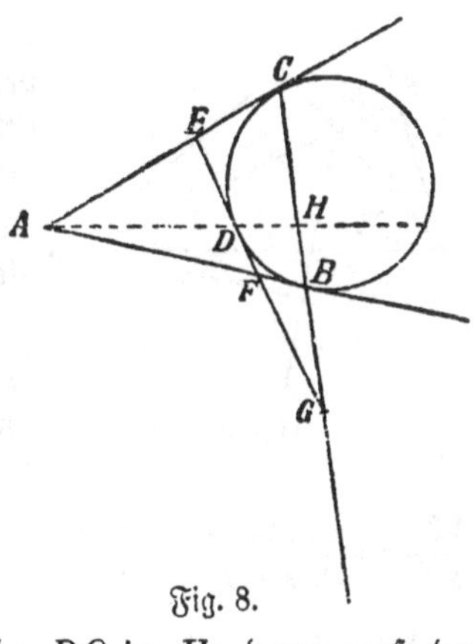

Fig. 8.

§ 11. 1) Lehrsatz. Das zwischen zwei Tangenten eines Kreises liegende Stück einer dritten Tangente wird durch den eigenen Berührungspunkt und die Berührungssehne der ersteren harmonisch geteilt.

Beweis. Die Gerade AD schneide BC in H; dann muß der Pol von AH nach § 10,2d auf der Polare von A, also auf BC, andererseits nach § 8,1 auch auf der Tangente in D liegen. Demnach ist G der Pol von AH, und G, H, B, C sind harmonische Punkte, also AG, AH, AB, AC harmonische Strahlen, die ihrerseits die Gerade EG wieder in harmonischen Punkten schneiden.

2) Folgerung. Geht in Fig. 8 AH durch den Kreismittelpunkt, so rückt G in unendliche Ferne, EF wird parallel zu CB und in D halbiert. Daher:

Die Tangenten in den Endpunkten eines Durchmessers sind parallel zu den Berührungssehnen aller Tangentenpaare, die man von einem Punkte dieses Durchmessers an den Kreis ziehen kann, und werden, soweit sie zwischen jenen Tangentenpaaren liegen, durch den eigenen Berührungspunkt halbiert. — Durchläuft ein Punkt den Durchmesser eines Kreises, so verschiebt sich die Berührungssehne der von ihm aus gezogenen Tangenten parallel zu den Tangenten in den Endpunkten des Durchmessers und wird stets von diesem halbiert.

C. Von den Transversalen.

§ 12. Bemerkung. Transversale eines Dreiecks kann jede Gerade genannt werden, die die Seiten oder ihre Verlängerungen schneidet; Ecktransversale heißt sie, wenn sie durch eine Ecke geht.

§ 13. Satz des Ceva. Schneiden sich drei Ecktransversalen eines Dreiecks in demselben Punkte, so ist das Produkt der drei Verhältnisse, nach welchen die Seiten geteilt werden, gleich 1, oder es sind die beiden Produkte aus je drei Abschnitten ohne gemeinschaftlichen Endpunkt einander gleich.

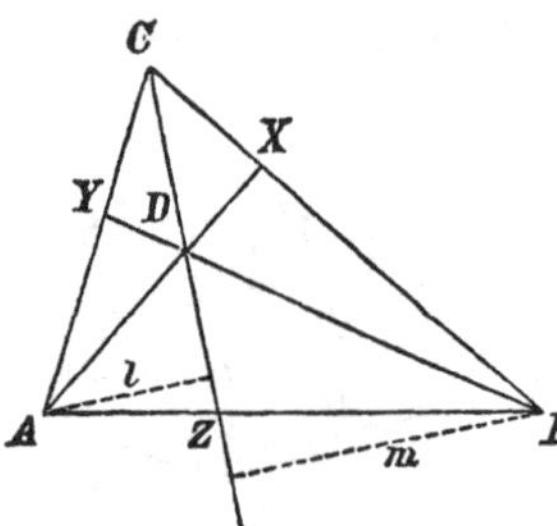

Fig. 9.

Beweis. Die Abschnitte AZ und BZ verhalten sich wie die aus A und B auf CZ gefällten Lote l und m, und diese wie die Dreiecke ACD und BCD. Also ist

$$\frac{AZ}{BZ} = \frac{\triangle ACD}{\triangle BCD}, \quad \frac{BX}{CX} = \frac{\triangle ABD}{\triangle ACD}, \quad \frac{CY}{AY} = \frac{\triangle BCD}{\triangle ABD}, \text{ folglich:}$$

$$\frac{AZ}{BZ} \cdot \frac{BX}{CX} \cdot \frac{CY}{AY} = 1, \text{ oder } AZ . BX . CY = AY . CX . BZ.$$

(Bemerkung: Je nachdem D innerhalb oder außerhalb des Dreiecks liegt, ist die Zahl der inneren Teilpunkte 3 oder 1. — Grenzfall: Drei parallele Ecktransversalen.)

§ 14. Satz des Menelaus. Jede Transversale teilt die Seiten eines Dreiecks so, daß die beiden Produkte aus je drei Abschnitten ohne gemeinschaftlichen Endpunkt einander gleich sind.

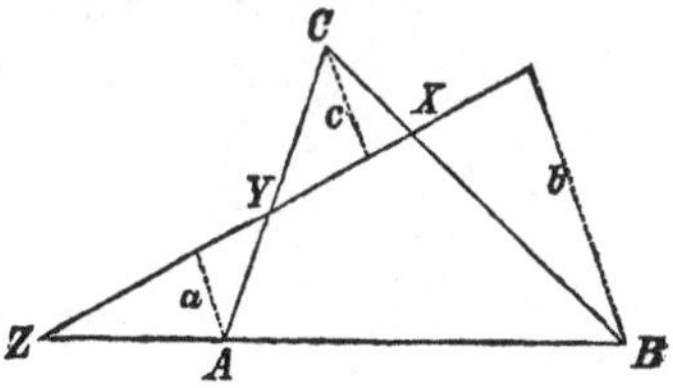

Fig. 10.

Beweis. Zieht man aus den Ecken A, B, C bis zur Transversale XYZ die einander parallelen Strecken a, b, c, so ist

$$\frac{AZ}{BZ}=\frac{a}{b},\quad \frac{BX}{CX}=\frac{b}{c},\quad \frac{CY}{AY}=\frac{c}{a},\ \text{also}$$

$$\frac{AZ}{BZ}\cdot\frac{BX}{CX}\cdot\frac{CY}{AY}=1,$$

oder $AZ.BX.CY=AY.CX.BZ$. (Bemerkung: Die Anzahl der äußeren Teilpunkte ist 1 oder 3. — Grenzfall: Die Transversale ist einer Seite parallel.)

§ 15. Umkehrung. Wenn die drei Seiten eines Dreiecks ABC in X, Y, Z so geteilt sind, daß $AZ.BX.CY=AY.CX.BZ$ ist, so schneiden sich die zu den Teilpunkten gehörigen drei Ecktransversalen in einem Punkte, oder es liegen die drei Teilpunkte in einer Geraden, je nachdem die Anzahl der inneren oder äußeren Teilpunkte ungerade ist.

Beweis. Träfe die aus C durch den Schnittpunkt von AX und BY gezogene Ecktransversale (bezw. die durch die Teilpunkte X und Y gelegte Gerade) die Seite AB nicht in Z, sondern in dem davon verschiedenen Punkte Z', so wäre nach § 13 (bezw. § 14)

$$AZ'.BX.CY=AY.CX.BZ',\ \text{also}\ AZ':BZ'=AZ:BZ,$$

was unmöglich ist.

§ 16. Pascalscher Lehrsatz. Ist ein Sechseck einem Kreise einbeschrieben, so liegen die Schnittpunkte der drei Paare gegenüberliegender Seiten in einer Geraden. (Der Satz gilt auch dann, wenn die Seiten sich kreuzen.)

Beweis. Es schneiden sich die Seiten 1 und 4 in X, 2 und 5 in Y, 3 und 6 in Z. Die Seiten 1, 5, 3 bestimmen das Dreieck

$\alpha\beta\gamma$, dessen Seiten ($\alpha\beta$, $\beta\gamma$, $\gamma\alpha$) durch die Transversalen 6, 4, 2 in den Punkten Z, A, F; D, X, E; C, B, Y geschnitten werden. Nach § 14 ist also

$$\alpha Z \,.\, \beta A \,.\, \gamma F = \alpha F \,.\, \gamma A \,.\, \beta Z,$$
$$\alpha D \,.\, \beta X \,.\, \gamma E = \alpha E \,.\, \gamma X \,.\, \beta D,$$
$$\alpha C \,.\, \beta B \,.\, \gamma Y = \alpha Y \,.\, \gamma B \,.\, \beta C.$$

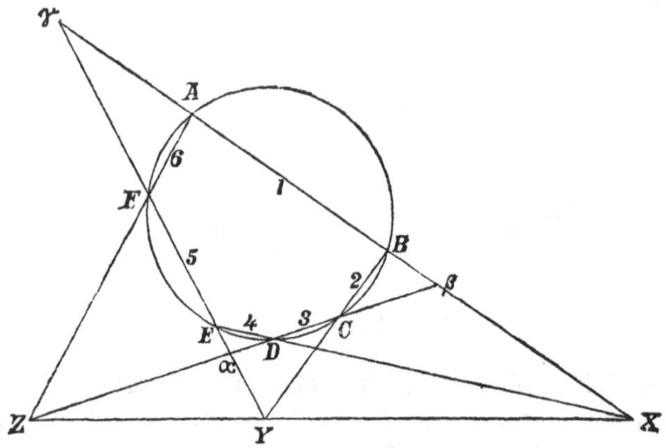

Fig. 11.

Durch Multiplikation ergibt sich, weil

$$\alpha D \,.\, \alpha C = \alpha F \,.\, \alpha E, \quad \beta A \,.\, \beta B = \beta D \,.\, \beta C, \quad \gamma F \,.\, \gamma E = \gamma A \,.\, \gamma B$$

ist, $\alpha Z \,.\, \beta X \,.\, \gamma Y = \alpha Y \,.\, \gamma X \,.\, \beta Z$. Nach § 15 liegen also X, Y, Z in einer Geraden.

§ 17. Folgerungen. 1) Ein Sehnenfünfeck kann als ein Sehnensechseck betrachtet werden, in dem eine Seite unendlich klein geworden, also zu einem Punkt zusammengeschrumpft ist. Beachtet man, daß die Verlängerung dieser Seite alsdann mit der Tangente in diesem Punkte zusammenfällt, so ergibt sich als Folgerung des Pascalschen Satzes:

In einem Sehnenfünfeck liegt der Schnittpunkt einer Seite und der Tangente im gegenüberliegenden Eckpunkt mit den Schnittpunkten der übrigen Gegenseiten in einer geraden Linie.

Man zeichne (wie auch in den folgenden Fällen) die Figur, indem man die betreffende Ecke als Seite numeriert, und beachte außerdem, daß **jeder** Eckpunkt des Fünfecks als zusammengeschrumpfte Seite angesehen werden kann.

2) Ebenso läßt sich ein Sehnenviereck als Sehnensechseck mit zwei zusammengeschrumpften Seiten betrachten und folgender Satz ableiten, wenn man auf doppelte Weise zwei gegenüberliegende Eckpunkte als solche Seiten auffaßt:

In einem Sehnenviereck liegen die vier Punkte, in denen sich je zwei Gegenseiten und die Tangenten in je zwei Gegenecken schneiden, in einer geraden Linie.

Faßt man dagegen zwei benachbarte Ecken als unendlich kleine Seiten oder das Viereck als ein übers Kreuz gezeichnetes auf, so ergeben sich noch weitere Sätze.

3) Für ein Sehnendreieck erhält man in ähnlicher Weise:

Die Schnittpunkte der Seiten eines eingeschriebenen Dreiecks mit den Tangenten in den Gegenecken liegen in einer Geraden.

§ 18. **Brianchonscher Lehrsatz.** Ist ein Sechseck einem Kreise umbeschrieben, so schneiden sich die drei Diagonalen, welche die drei Paare gegenüberliegender Ecken verbinden, in einem Punkte. (Der Satz gilt auch dann, wenn die Seiten sich kreuzen.)

Beweis. Die Ecken des umbeschriebenen Sechsecks (Fig. 12) mögen $E_1, E_2, \ldots E_6$, die Seiten des durch die Berührungspunkte bestimmten einbeschriebenen Sechsecks 1, 2, ... 6 heißen. Es sind dann z. B. die Seiten 1 und 4 die Berührungssehnen zu den von E_1 und E_4 ausgehenden Tangentenpaaren, also nach § 8,1 die Polaren zu E_1 und E_4. Da nun aber der Punkt X (Fig. 11) den beiden Geraden 1 und 4 angehört, muß seine Polare nach § 10,1 durch die Pole dieser beiden Geraden gehen, d. h. es ist die Gerade $E_1 E_4$ die

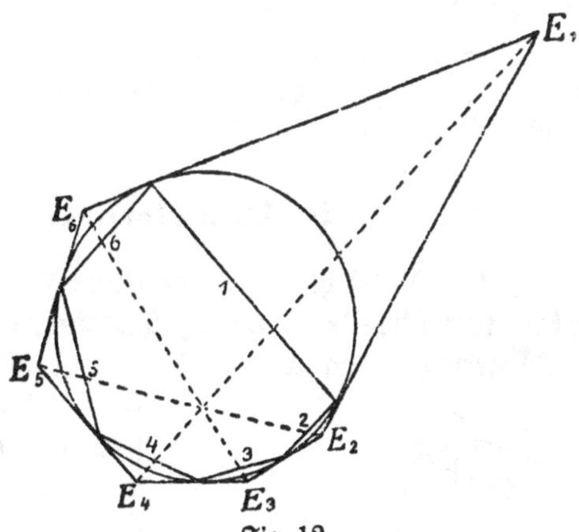

Fig. 12.

Polare zu dem Schnittpunkte X der Geraden 1 und 4. Ebenso ist $E_2 E_5$ die Polare zu dem Schnittpunkte Y von 2 und 5 und $E_3 E_6$ die Polare zu dem Schnittpunkte Z von 3 und 6. Nun liegen nach dem Pascalschen Lehrsatze die drei Punkte X, Y, Z in einer Geraden, also schneiden sich nach § 10,2a die drei Geraden $E_1 E_4$, $E_2 E_5$, $E_3 E_6$ in einem Punkte.

§ 19. Folgerungen. 1) Dreht man zwei benachbarte Tangenten so, daß ihr Winkel sich immer mehr einem gestreckten nähert, so fallen sie schließlich in eine zusammen, der bisherige Schnittpunkt wird Berührungspunkt der neuen Tangente und aus dem Sechseck ein Tangentenfünfeck. Es ergibt sich dann nach dem Brianchonschen Satze:

In einem Tangentenfünfeck schneidet die Verbindungslinie eines Eckpunktes mit dem Berührungspunkt der Gegenseite die Verbindungslinien der übrigen Gegenecken in einem Punkt.

Man zeichne auch hier die Figur, indem man den betreffenden Berührungspunkt als Ecke numeriert, und beachte, daß jeder Berührungspunkt als solche angesehen werden kann. Ebenso ergibt sich (entsprechend § 18,2 u. 3):

2) In einem Tangentenviereck schneiden sich die Verbindungslinien der Gegenecken und die der Berührungspunkte der Gegenseiten in einem Punkt.

3) In einem Tangentendreieck schneiden sich die Verbindungslinien der Ecken mit den Berührungspunkten der Gegenseiten in einem Punkt.

D. Vom Ähnlichkeitspunkt.

§ 20. 1) Zieht man von einem Punkte M Strahlen nach den Ecken eines Vielecks ($ABCD$) und trägt auf ihnen, bezw. auf ihren Verlängerungen von M aus Strecken ab, die diesen Strahlen proportioniert sind, so ist das dadurch bestimmte neue Vieleck ($A'B'C'D'$, bezw. $A''B''C''D''$) dem gegebenen ähnlich. — Denn die entsprechenden Seiten sind parallel, und hieraus folgt leicht, daß die Winkel bezüglich gleich und die Seiten proportioniert sind.

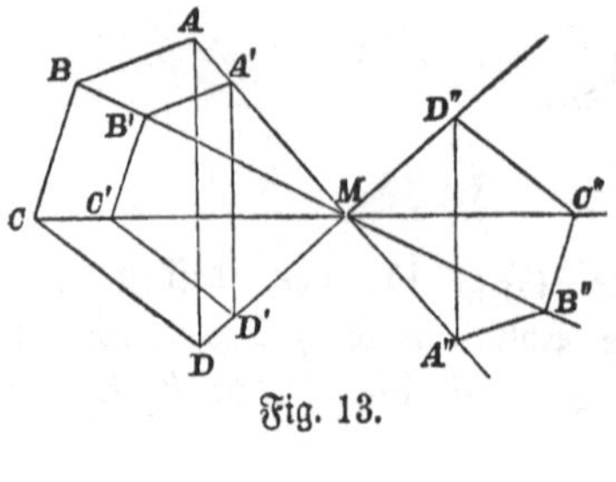

Fig. 13.

2) Ähnliche Vielecke heißen **ähnlichliegend** (haben eine ähnliche Lage), wenn die entsprechenden Seiten parallel sind und die durch entsprechende Ecken gelegten Geraden ein Strahlenbüschel bilden. Der Scheitel desselben heißt der **äußere** oder **innere Ähnlichkeitspunkt** der Vielecke, je nachdem er die Abstände entsprechender Ecken außen oder innen teilt. Im ersten Falle sind die entsprechenden Seiten gleich gerichtet, im zweiten entgegengesetzt gerichtet. (M ist der äußere Ähnlichkeitspunkt zu $ABCD$ und $A'B'C'D'$, der innere zu $ABCD$ und $A''B''C''D''$.) Das konstante Verhältnis zweier entsprechenden Strahlen oder Seiten heißt das **Ähnlichkeitsverhältnis**. Jeder beliebige durch den Ähnlichkeitspunkt gelegte Strahl heißt ein **Ähnlichkeitsstrahl**. Irgend zwei Punkte, welche in Bezug auf die beiden ähnlichen und ähnlichliegenden Vielecke entsprechende Lage haben, liegen auf demselben Ähnlichkeitsstrahl, so z. B. bei zwei ähnlichen und ähnlichliegenden Dreiecken die Mittelpunkte der umbeschriebenen, sowie auch die der einbeschriebenen Kreise.

§ 21. Zwei krumme Linien sind ähnlich und ähnlichliegend, wenn sie auf allen sie schneidenden Strahlen eines bestimmten Büschels proportionierte Strecken begrenzen. Der Scheitel des Büschels ist der Ähnlichkeitspunkt der Linien.

§ 22. 1) Zwei Kreise besitzen in jeder Lage einen äußeren und einen inneren Ähnlichkeitspunkt.

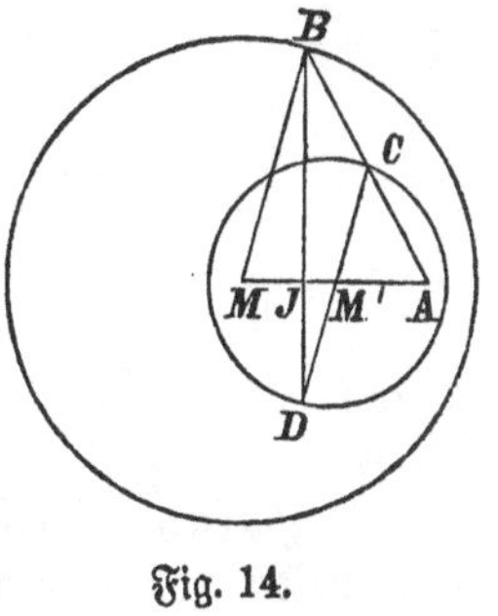

Fig. 14.

Beweis. Zieht man in dem einen Kreise einen beliebigen Radius MB und in dem anderen den dazu parallelen Durchmesser $DM'C$, so wird MM' durch die Geraden BC und BD stets in denselben Punkten A und J getroffen; denn es ist $AM:AM'=BM:CM'=r:r'$, und $JM:JM'=BM:DM'=r:r'$. Auch ist für jeden beliebigen durch A oder J gehenden Strahl $AB:AC=r:r'$ und $JB:JD=r:r'$, d. h. die Kreislinien begrenzen auf allen durch A und J gehenden Strahlen proportionierte Strecken.

2) Die Zentrale wird durch die Ähnlichkeitspunkte harmonisch nach dem Verhältnis der Radien geteilt.

3) Liegen die Kreise außerhalb einander, so fällt A in den Schnittpunkt der äußeren, J in den der inneren gemeinschaftlichen Tangenten. Schneiden sich die Kreise, so fällt J in das gemeinschaftliche Flächenstück beider. Berühren sie sich von außen (innen), so ist der Berührungspunkt der innere (äußere) Ähnlichkeitspunkt. Liegt der eine Kreis ganz innerhalb des anderen, so liegen A und J beide in dem kleineren Kreise.

§ 23. 1) Lehrsatz. Die drei äußeren Ähnlichkeitspunkte zu je zweien von drei Kreisen liegen in einer Geraden, ebenso jeder äußere und die beiden nicht zugehörigen inneren.

Beweis. Es seien r_1, r_2, r_3 die Radien der Kreise M_1, M_2, M_3, die Ähnlichkeitspunkte zu M_1 und M_2 seien A_3 und J_3 usw. Dann ist:

$$\frac{M_1 A_3}{M_2 A_3} = \frac{r_1}{r_2}, \quad \frac{M_2 A_1}{M_3 A_1} = \frac{r_2}{r_3}, \quad \frac{M_3 A_2}{M_1 A_2} = \frac{r_3}{r_1}.$$

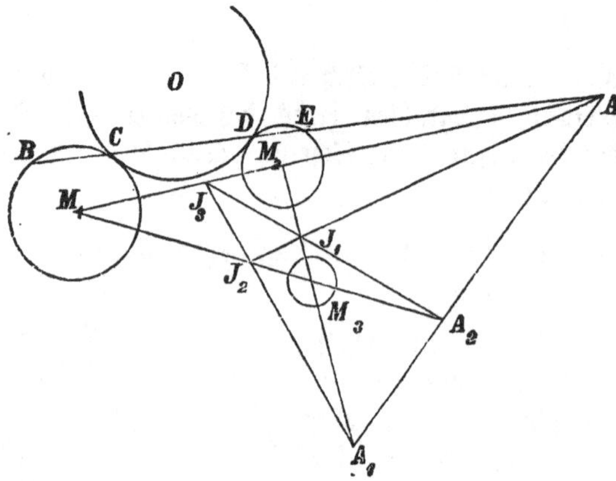

Fig. 15.

Das Produkt der drei Verhältnisse, nach denen die Seiten des Dreiecks $M_1 M_2 M_3$ geteilt sind, ist also gleich 1; nach § 15 liegen also die Teilpunkte A_1, A_2, A_3 auf einer Geraden. Ebenso beweist man den zweiten Teil des Satzes.

Die vier Geraden $A_1 A_2 A_3$, $A_1 J_2 J_3$, $A_2 J_1 J_3$, $A_3 J_1 J_2$ heißen die Ähnlichkeitsachsen der drei Kreise.

2) Zusatz. Werden zwei Kreise von demselben dritten gleichartig, d. h. beide von außen oder beide von innen (bezw. ungleichartig, d. h. der eine von außen, der andere von innen), berührt, so liegen die Berührungspunkte mit dem äußeren (bezw. inneren) Ähnlichkeitspunkte in gerader Linie.

§ 24. 1) Lehrsatz. In jedem Dreieck (ABC) liegt der Mittelpunkt M des umbeschriebenen Kreises mit dem Schwerpunkte S, dem

Mittelpunkte M' des die Seiten (in A', B', C') halbierenden Kreises und dem Höhenschnittpunkte H in derselben Geraden. — Der Punkt H ist der äußere, S der innere Ähnlichkeitspunkt der Kreise M und M'.

Beweis. Der Schwerpunkt S ist der innere Ähnlichkeitspunkt der Dreiecke ABC und $A'B'C'$, und das Ähnlichkeitsverhältnis ist gleich $2:1$. Die Kreismittelpunkte M und M' sind entsprechende Punkte beider Dreiecke, die Gerade MM' geht also durch S, und es ist $SM = 2SM'$. Der Punkt M ist der Schnittpunkt der Mittelsenkrechten des Dreiecks ABC, kann aber auch als Höhenschnittpunkt des Dreiecks $A'B'C'$ aufgefaßt werden und ist als solcher der entsprechende Punkt zu dem Höhenschnittpunkte H des Dreiecks ABC. Also geht auch HM durch S, und es ist $HS = 2SM$.

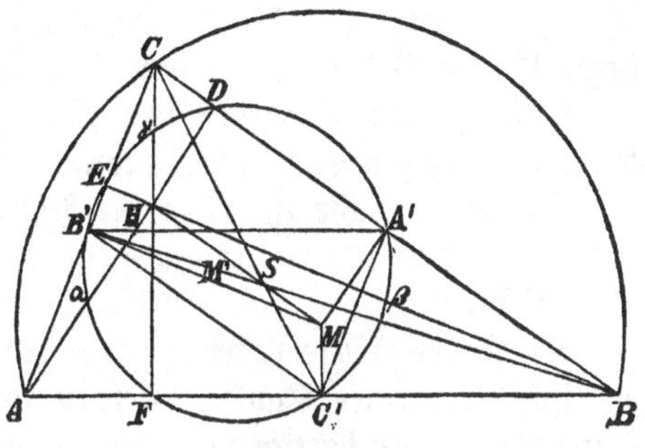

Fig. 16.

Es folgt nun weiter, daß $HS = 4SM'$, $HM = HS + SM = 6SM'$ und $HM' = HS - SM' = 3SM'$ ist. Also ist $HM : HM' = SM : SM' = 2:1$, d. h. die Punkte H und S teilen die Zentrale MM' nach dem Verhältnis der Radien, sind also die Ähnlichkeitspunkte der Kreise.

2) Zusatz. Da $HM' = \frac{1}{2}HM$, $HF \perp AB$ und $MC' \perp AB$ ist, so ist das Lot von M' auf FC' die Mittelsenkrechte von FC', also der Punkt M' gleich weit von F und C' entfernt, und ebenso auch von E und B', sowie auch von D und A'. Der Kreis, der die Seiten halbiert, geht also durch die Fußpunkte der Höhen. Sind ferner α, β, γ die Schnittpunkte der Höhen des Dreiecks ABC mit dem Kreise M', so ergibt sich, da H der äußere Ähnlichkeitspunkt der Kreise ist, daß $H\alpha = \frac{1}{2}HA$, $H\beta = \frac{1}{2}HB$, $H\gamma = \frac{1}{2}HC$ ist.

Es liegen also bei jedem Dreiecke die Mitten der drei Seiten, die Fußpunkte der drei Höhen und die Mitten der Teile der Höhen zwischen dem Höhenschnittpunkte und den Ecken auf einem und demselben Kreise. (Kreis der neun Punkte, Feuerbachscher Kreis.)

E. Von den Potenzlinien und dem Apollonischen Problem.

§ 25. 1) Unter der **Potenz** eines Punktes in Bezug auf einen Kreis versteht man das konstante Produkt der Abschnitte der durch ihn geteilten Sehnen.

Je nachdem der Punkt außerhalb oder innerhalb des Kreises liegt, ist die Potenz gleich dem Quadrate der aus dem Punkte an den Kreis gelegten Tangente oder gleich dem Quadrate der Hälfte der durch ihn gezogenen kleinsten Sehne.

Im ersten Falle ist daher die Potenz des Punktes P in Bezug auf einen Kreis M vom Radius r gleich $PM^2 - r^2$, im zweiten gleich $r^2 - PM^2$.

2) **Potenzlinie** (oder **Chordale**) zweier Kreise heißt der geometrische Ort eines Punktes, der in Bezug auf beide Kreise gleiche Potenzen und gleichartige Lage hat (d. h. außerhalb beider oder innerhalb beider liegt). — Für jeden Punkt der Potenzlinie sind also entweder die an die beiden Kreise gelegten Tangenten oder die in den Kreisen gezogenen kleinsten Sehnen gleich lang.

§ 26. 1) **Lehrsatz.** Die Potenzlinie zweier Kreise ist eine auf der Zentrale senkrecht stehende Gerade und teilt die Zentrale so, daß die Differenz der Quadrate der Abschnitte gleich der Differenz der Quadrate der Radien ist.

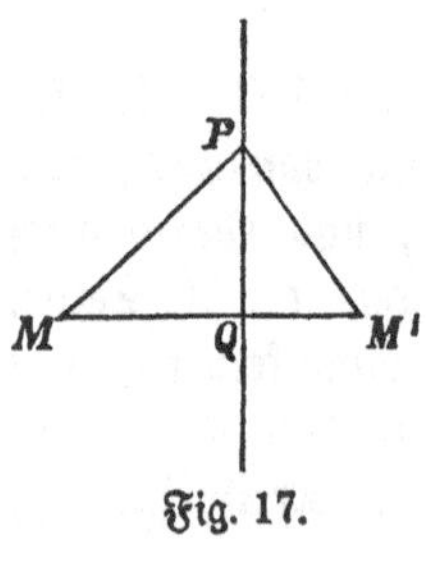

Fig. 17.

Beweis. Ist P ein Punkt der Potenzlinie, so ist nach § 25,1 $PM^2 - r^2 = PM'^2 - r'^2$ oder $r^2 - PM^2 = r'^2 - PM'^2$, je nachdem P außerhalb oder innerhalb der Kreise liegt. In beiden Fällen ist also $PM^2 - PM'^2 = r^2 - r'^2$, folglich, wenn Q die Projektion des Punktes P auf MM' ist: $QM^2 + QP^2 - (QM'^2 + QP^2) = r^2 - r'^2$, d. h. $QM^2 - QM'^2 = r^2 - r'^2$. Hieraus folgt $(QM + QM')(QM - QM') = (r + r')(r - r')$; $QM - QM'$ ist daher als vierte Proportionale zu MM', $r + r'$ und $r - r'$ bestimmt. Es gibt daher nur einen einzigen Punkt Q auf MM', der diese Strecke so teilt, wie es die obige Gleichung verlangt. Alle Punkte der Potenzlinie geben also auf MM' projiziert denselben Punkt Q, mithin ist die Potenzlinie die in Q auf MM' senkrecht stehende Gerade.

2) Die Potenzlinie ist bei zwei sich schneidenden Kreisen die gemeinschaftliche Sekante (in den Schnittpunkten ist die Potenz gleich Null), bei zwei sich berührenden die Tangente im Berührungspunkte. Liegt der eine Kreis ganz außerhalb oder ganz innerhalb des anderen, so liegt die Potenzlinie außerhalb beider, und zwar schneidet sie im ersten Falle die Zentrale zwischen beiden Kreisen, im zweiten ihre Verlängerung über den Mittelpunkt des kleineren Kreises. Wird die Entfernung der Mittelpunkte verschwindend klein, so entfernt sich die Potenzlinie ins Unendliche.

§ 27. 1) Drei Kreise geben, paarweise kombiniert, drei Potenzlinien. Schneiden die Zentralen der Kreise einander, so schneiden auch die zu ihnen senkrechten Potenzlinien einander. — Liegen die Mittelpunkte auf einer Geraden, so sind die drei Potenzlinien parallel. Fallen zwei Potenzlinien zusammen, so hat jeder ihrer Punkte gleiche Potenzen in Bezug auf alle drei Kreise; es muß also auch die dritte Potenzlinie mit den beiden ersten sich decken.

2) Eine Schar von Kreisen mit gemeinschaftlicher Potenzlinie heißt ein Kreisbüschel. Ein solches besteht entweder aus lauter in zwei festen Punkten sich schneidenden oder aus sich in demselben Punkte berührenden oder aus lauter sich nicht schneidenden Kreisen.

3) Lehrsatz. Bei drei Kreisen, deren Mittelpunkte nicht in derselben Geraden liegen, schneiden sich die drei Potenzlinien in einem Punkte (dem Potenzpunkte der drei Kreise).

Beweis. Es sei X der Schnittpunkt der Potenzlinie des ersten und zweiten und der Potenzlinie des ersten und dritten Kreises; dann hat X gleiche Potenzen in Bezug auf alle drei Kreise und liegt entweder außerhalb eines jeden derselben oder innerhalb eines jeden. Also muß X auch ein Punkt der Potenzlinie des zweiten und dritten Kreises sein.

Anwendung. Konstruktion der Potenzlinie zweier sich nicht schneidenden Kreise mittels eines Hülfskreises, der beide schneidet.

§ 28. 1) Zwei Kreise schneiden sich rechtwinklig, wenn die Tangenten in einem Schnittpunkte (also auch im anderen) aufeinander senkrecht stehen. Es geht dann die Tangente jedes Kreises durch den Mittelpunkt des anderen oder fällt mit einem Radius des anderen zusammen. Zwei Kreise schneiden sich also stets dann und nur dann rechtwinklig, wenn die Radien in einem Schnittpunkte einen rechten Winkel bilden.

2) Lehrsatz. Die Potenzlinie zweier Kreise (mit Ausschluß ihrer etwa vorhandenen inneren Punkte) ist der geometrische Ort für den Mittelpunkt eines Kreises, der die gegebenen rechtwinklig schneidet.

Beweis. Schneidet der Kreis P die Kreise M und M' in T und T' rechtwinklig, so daß also $\sphericalangle PTM = PT'M' = 1R$ ist, so müssen die Strecken PT und PT' Tangenten der Kreise M und M' und als Radien des Kreises P einander gleich sein. Also muß P der Potenzlinie von M und M' angehören. Auch läßt sich offenbar um jeden außerhalb beider Kreise auf ihrer Potenzlinie liegenden Punkt ein Kreis beschreiben, der beide Kreise rechtwinklig schneidet.

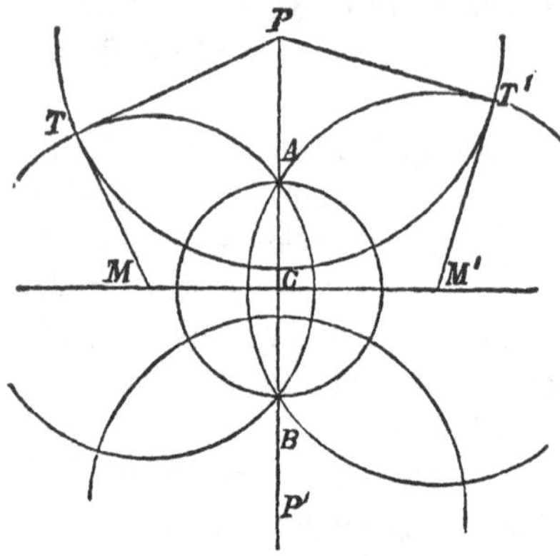

Fig. 18.

§ 29. Wenn zwei Kreise M und M' sich mit zwei anderen P und P' rechtwinklig schneiden, so geht nach § 28,2 die Potenzlinie eines jeden Paares durch die Mittelpunkte des anderen.

Werden zu jedem Paare beliebig viele Kreise hinzugefügt, die mit ihm ein Kreisbüschel bilden, so durchschneidet jeder Kreis des einen Büschels jeden des anderen rechtwinklig.

Durch zwei Kreise des einen Büschels sind alle Kreise desselben und auch des zweiten Büschels vollständig bestimmt.

Berühren sich die beiden gegebenen Kreise, so bestehen beide Büschel aus sich berührenden Kreisen, und sämtliche Kreise gehen durch den Schnittpunkt der Potenzlinien, der für jedes Büschel auch der Berührungspunkt ist.

Sind die in A und B sich schneidenden Kreise M und M' die gegebenen, so können die Punkte A und B als verschwindend kleine dem zweiten Büschel angehörige Kreise angesehen werden; da diese nun einander (oder ihre Potenzlinie MM') nicht schneiden, so schneiden auch alle übrigen Kreise dieses Büschels einander nicht. Die Potenzlinie MM' kann als ein unendlich großer Kreis des Büschels angesehen werden. Jeder andere Kreis umschließt entweder den Punkt A oder den Punkt B.

Geht man von zwei einander nicht schneidenden Kreisen P und P' aus, und ist C der Schnittpunkt ihrer Zentrale PP' und der darauf senkrechten Potenzlinie, so gehört zu der rechtwinklig schneidenden Schar der unendlich große Kreis PP' und der um C als Mittelpunkt beschriebene Kreis. Da diese beiden nun sich in zwei Punkten (A und B) schneiden, so schneiden sich alle übrigen Kreise (M, M', ...) des Büschels in denselben Punkten.

Es können somit nicht beide Büschel aus sich schneidenden und auch nicht beide aus sich nicht schneidenden Kreisen bestehen.

§ 30. 1) Lehrsatz. Der äußere (oder innere) Ähnlichkeitspunkt zweier Kreise hat gleiche Potenzen für alle Kreise, von denen beide gleichartig (oder ungleichartig) berührt werden.

Beweis. In Figur 15 ist $A_3C.A_3D$ die Potenz von A_3 in Bezug auf den Kreis O, von welchem die Kreise M_1 und M_2 gleichartig berührt werden. Hat nun A_3 in Bezug auf diese Kreise die Potenzen p_1^2 und p_2^2, und sind r_1 und r_2 die Radien, so ist

$$A_3B.A_3C = p_1^2, \quad A_3C : A_3E = r_1 : r_2,$$
$$A_3D.A_3E = p_2^2, \quad A_3D : A_3B = r_2 : r_1.$$

Durch Multiplikation dieser vier Gleichungen und Ausziehung der Quadratwurzel ergibt sich, daß $A_3C.A_3D = p_1 . p_2$, also gleich groß ist für alle gleichartig berührenden Kreise. Für den zweiten Teil des Satzes führt man den Beweis mittels eines durch J_3 gezogenen Ähnlichkeitsstrahles.

2) Folgerung. Der äußere (oder innere) Ähnlichkeitspunkt zweier Kreise ist der Potenzpunkt zu irgend drei Kreisen, von denen beide gleichartig (oder ungleichartig) berührt werden.

§ 31. Die Apollonische Berührungsaufgabe. Die Kreise zu zeichnen, die drei gegebene Kreise berühren.

Auflösung. a) Es seien X und Y die Mittelpunkte der Kreise, von denen die gegebenen M_1, M_2, M_3 gleichartig berührt werden. In der Figur berührt der Kreis X alle drei von innen (in B_1, B_2, B_3), der Kreis Y sie von außen (in C_1, C_2, C_3). Es werden also die beiden Kreise X und Y durch jeden der drei Kreise M_1, M_2, M_3 ungleichartig berührt. Daher liegen nach § 23,2 die Berührungspunkte B_1 und C_1 (und ebenso B_2 und C_2, B_3 und C_3) mit dem inneren Ähnlichkeitspunkte P von X und Y in gerader Linie, und nach § 30, ist P zugleich der Potenzpunkt der Kreise M_1, M_2, M_3. Für jede der drei Sehnen B_1C_1, B_2C_2, B_3C_3 ist also jetzt ein Punkt bekannt, durch den sie hindurchgehen muß, der Potenzpunkt P der gegebenen Kreise.

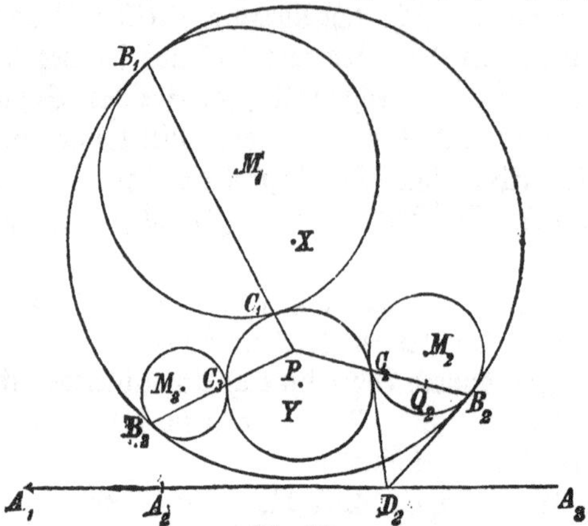

Fig. 19.

Die Kreise M_1 und M_2 werden von jedem der Kreise X und Y gleichartig berührt. Also hat ihr äußerer Ähnlichkeitspunkt A_3 gleiche Potenzen in Bezug auf die Kreise X und Y. Dasselbe gilt für die Ähnlichkeitspunkte A_2 und A_1 zu M_1, M_3 und M_2, M_3. Hieraus folgt, daß die Ähnlichkeitsachse $A_1A_2A_3$ der drei gegebenen Kreise die Potenzlinie der Kreise X und Y ist. Die Potenzlinie zu X und M_2 ist die Tangente B_2D_2, und die Potenzlinie zu Y und M_2 ist die Tangente C_2D_2. Der Tangentenschnittpunkt D_2 liegt also auf $A_1A_2A_3$.

Die Berührungspunkte B_2 und C_2 sind die Pole der Geraden B_2D_2 und C_2D_2 in Bezug auf den Kreis M_2 und müssen also (nach § 10,2b mit dem Pole Q_2 der Geraden $A_1A_2A_3$ in Bezug auf denselben Kreis in gerader Linie liegen. Für jede der Sehnen B_1C_1, B_2C_2, B_3C_3 ist jetzt also auch ein zweiter Punkt bekannt, durch den sie gehen muß, der Pol von $A_1A_2A_3$ in Bezug auf den zugehörigen Kreis. Hieraus ergibt sich die Konstruktion: Man bestimme den Potenzpunkt P der gegebenen Kreise und die Pole Q_1, Q_2, Q_3 der Ähnlichkeitsachse $A_1A_2A_3$ in Bezug auf die Kreise. Durch die Geraden PQ_1, PQ_2, PQ_3 werden dann die Kreise in den gesuchten Berührungspunkten B_1, B_2, B_3 und C_1, C_2, C_3 geschnitten.

Bemerkung. Haben die gegebenen Kreise eine solche Lage, daß sie durch jeden der beiden Kreise X und Y von außen oder durch jeden von innen berührt werden, so ist der Potenzpunkt P nicht innerer, sondern äußerer Ähnlichkeitspunkt zu den Kreisen X und Y.

b) Man erhält die drei übrigen Paare von Berührungskreisen, indem man auch für jede der drei inneren Ähnlichkeitsachsen $A_1J_2J_3$, $A_2J_1J_3$, $A_3J_1J_2$ ihre Pole in Bezug auf die gegebenen Kreise bestimmt.

Zweiter Abschnitt.

Grundzüge der darstellenden Geometrie.

§ 32. 1) Die darstellende Geometrie lehrt, wie man im Raum befindliche Punkte, Linien, Flächen und Körper auf einer Ebene, der Bild- oder Zeichenebene (E), abbilden kann. Punkte werden abgebildet,

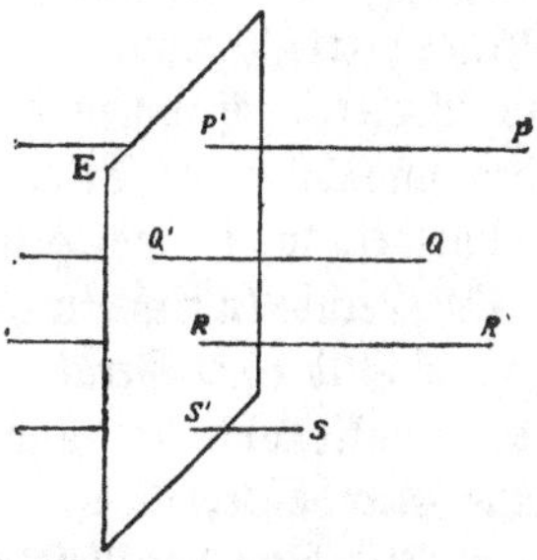

Fig. 20.

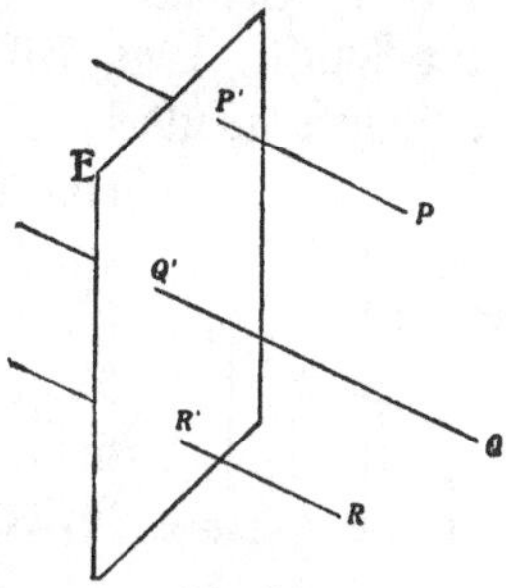

Fig. 21.

indem man von ihnen aus in bestimmter, noch näher zu erläuternder Weise gerade Linien zieht und ihre Durchschnittspunkte mit der Bildebene ermittelt. Die gezogenen Geraden heißen Projektionsstrahlen und ihre Durchschnittspunkte die Bilder der gegebenen Punkte.

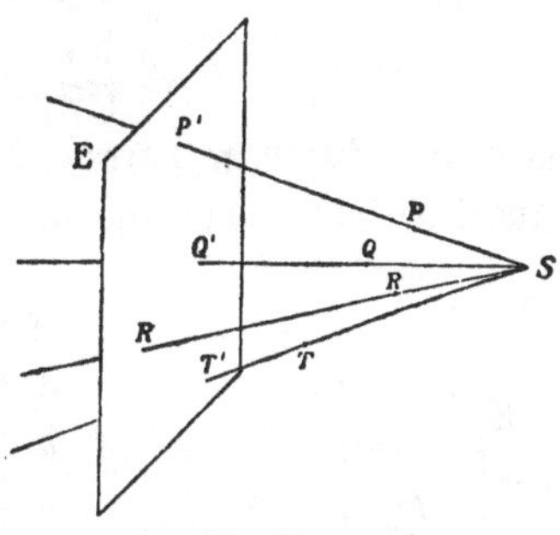

Fig. 22.

2) Läßt man die Projektionsstrahlen parallel zueinander einfallen, so spricht man von Parallelprojektion und nennt diese im besondern rechtwinklig (Fig. 20) oder schiefwinklig (Fig. 21), je nachdem die Projektionsstrahlen die Bildebene rechtwinklig oder schiefwinklig durchsetzen. Läßt man hingegen die sämtlichen Projektionsstrahlen von einem bestimmten Punkte im Raume, dem Projektionsmittelpunkt oder -zentrum, ausgehen, so heißt diese Art der Projektion Zentralprojektion oder Perspektive (Fig. 22). Aus der Zentralprojektion geht die Parallelprojektion hervor, wenn der Projektionsmittelpunkt ins Unendliche rückt.

3) Die Zentralprojektion zeigt uns die Körper so, wie sie sich einem im Projektionsmittelpunkt befindlichen Auge auf der durchsichtig gedachten Bildebene darstellen; die Parallelprojektion stimmt mit dem Schattenbild überein, das die Sonnenstrahlen von dem (nur aus Kanten bestehend gedachten) Körper auf einer Ebene entwerfen.

A. Grundgesetze der Parallelprojektion.

§ 33. 1) Bei der Parallelprojektion ist das Bild eines Punktes wieder ein Punkt. Das Bild einer Geraden erhält man, wenn man alle ihre Punkte abbildet. Da aber die Projektionsstrahlen derselben eine Ebene bilden und diese die Bildebene in einer Geraden schneidet, so ist das Bild einer Geraden wieder eine Gerade (wann ein Punkt?). Man erhält also das Bild einer Geraden, wenn man zwei ihrer Punkte abbildet und deren Bilder durch eine Gerade verbindet.

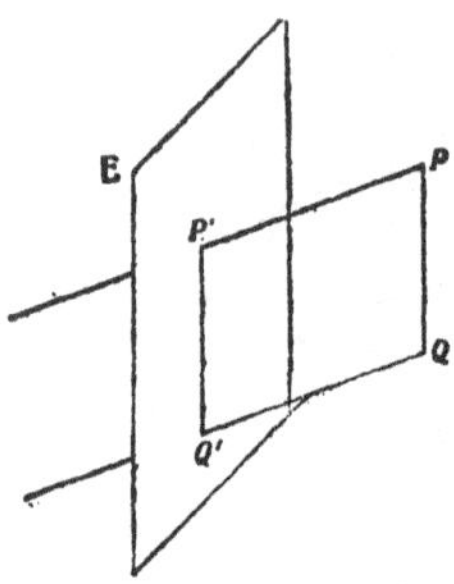

Fig. 23.

2) Eine zur Bildebene parallele Strecke erscheint im Bilde in der wirklichen Größe und Lage (Richtung), denn Strecke und Bild sind die Gegenseiten eines Parallelogramms (Fig. 23). Liegt also eine ebene Figur in einer zur Bildebene parallelen Ebene, so bildet sie sich in einer kongruenten Figur ab (Figur und Bild sind Grundflächen eines Prismas).

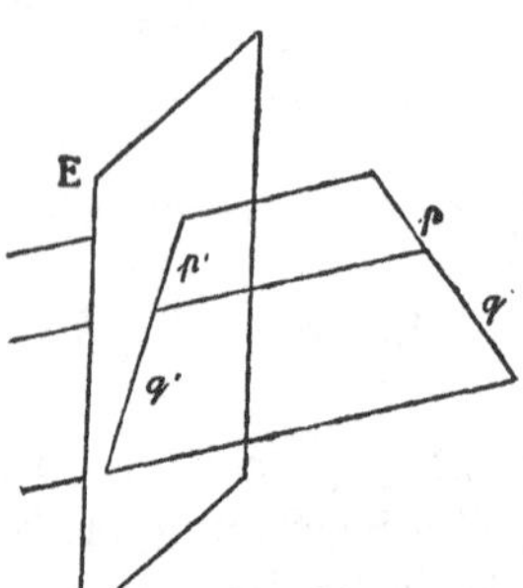

Fig. 24.

3) Eine zur Bildebene nicht parallele Strecke erscheint im Bilde im allgemeinen nicht in der wirklichen Größe und Lage, d. h. Bild und Strecke sind weder parallel noch gleich lang; ist sie aber in einem bestimmten Verhältnis geteilt, so erscheint auch die Bildstrecke in demselben Verhältnis geteilt (nach dem Satz: Werden zwei Strahlen von mehreren Parallelen geschnitten, so verhalten sich die Abschnitte des einen Strahls wie die entsprechenden des andern. Fig. 24).

4) Strecken, die unter sich parallel sind, erscheinen auch im Bilde untereinander parallel (die parallelen Ebenen $AA'B'B$ und $CC'D'D$ schneiden die Bildebene in den parallelen Geraden $A'B'$ und $C'D'$. Fig. 25).

Das Verhältnis, in dem sie zueinander stehen, bleibt auch für die Bildstrecken erhalten. Man verlängere in Fig. 25 $DC = q$ um $AB = p$ bis F, bilde CF ab und ziehe $FG \parallel F'C'$ und $AH \parallel A'B'$. Dann ist $\triangle ABH \cong \triangle FCG$, daher $AH = FG$ und demnach auch $A'B' = F'C'$. Nun verhält sich $FC : q = F'C' : q'$, also auch $p : q = p' : q'$. Schreibt man diese Proportion $p : p' = q : q'$, so kann man den letzten Satz auch so aussprechen: Das Verhältnis einer Strecke zu ihrem Bilde ist für alle Strecken, die untereinander parallel sind, dasselbe.

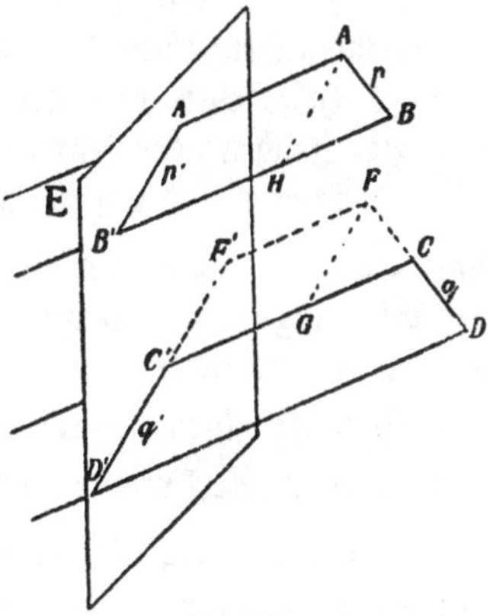

Fig. 25.

§ 34. 1) Wenn es sich nun darum handelt, einen Körper in Parallelprojektion abzubilden, so wird man in erster Linie solche Kanten auswählen, die der Zeichenebene parallel laufen, da sie im Bilde in derselben Größe und Richtung erscheinen. Wie aber die übrigen Kanten, insbesondere die zur Bildebene senkrechten, sich abbilden, das hängt von der Richtung der Projektionsstrahlen ab. Um dies deutlich einzusehen, nehmen wir an, der abzubildende Körper, ein Würfel, sei mit einer seiner Flächen an die Zeichenebene angelehnt.

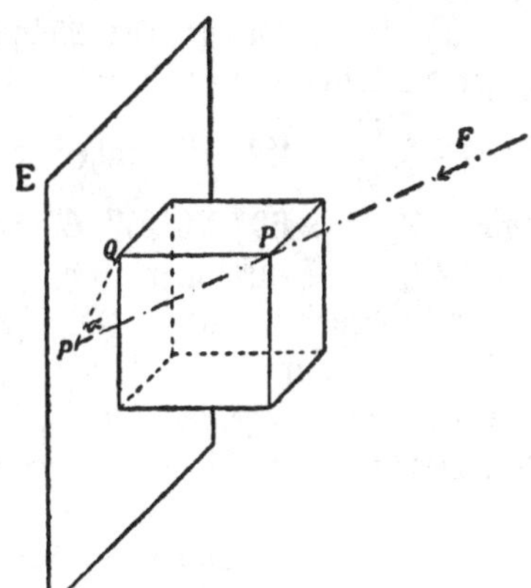

Fig. 26.

Dann bildet sich Q (Fig. 26) in sich selbst ab. Fallen nun die Projektionsstrahlen senkrecht zur Bildebene ein, so ist Q zugleich das Bild von P und das Bild der Kante PQ schrumpft in den Punkt Q zusammen. Fallen dagegen die Strahlen schief ein, etwa in der Richtung FP, so würde P' das Bild des Punktes P und $P'Q$ das Bild der Kante PQ sein. Wie aus der Figur hervorgeht, kann $P'Q$ je nach der Richtung der Projektionsstrahlen jede mögliche Länge und jede mögliche Richtung in der Bildebene haben. Von den unendlich vielen möglichen Arten der Projektion bevorzugt man aber nur wenige, nämlich (abgesehen von der rechtwinkligen Projektion), die, bei der eine zur Zeichenebene senkrechte Strecke

a) unter einem Winkel von 45° gegen die Wagerechte (Richtungssinn —↗—, wobei der Pfeil das Bild der Strecke, und zwar in der Richtung zur Bildebene hin darstellt) und in einer Verkürzung auf die Hälfte, oder

b) unter einem Winkel von 30° gegen die Wagerechte (—↗—) und in einer Verkürzung auf ein Drittel, oder

c) unter einem Winkel von 90° gegen die Wagerechte (—↑—) und in einer Verkürzung auf die Hälfte, oder

d) unter einem Winkel von 90° gegen die Wagerechte (—↑—) und in einer Verkürzung auf ein Drittel erscheint. Wir wollen diese Arten abgekürzt folgendermaßen bezeichnen: a) $\varphi = 45°$, $q = \frac{1}{2}$; b) $\varphi = 30°$, $q = \frac{1}{3}$; c) $\varphi = 90°$, $q = \frac{1}{2}$; d) $\varphi = 90°$, $q = \frac{1}{3}$.

An der ganzen Betrachtung ändert sich nichts Wesentliches, wenn man den Würfel parallel mit sich selbst (ohne Drehung) von der Zeichenebene entfernt.

2) Anmerkung: Der Neigungswinkel α der Projektionsstrahlen gegen die Bildebene ergibt sich in dem Dreieck PQP' aus der Gleichung: $\operatorname{tg}\alpha = \frac{PQ}{P'Q}$. Es ist daher für die Projektionsarten a und c: $\operatorname{tg}\alpha = 2$, $\alpha = 63° \, 26' \, 5'',6$, bei b und d aber $\operatorname{tg}\alpha = 3$, $\alpha = 71° \, 33' \, 54'',3$. Denkt man sich zugleich P' als Mittelpunkt eines auf die Bildebene gemalten Uhrzifferblattes und den Projektionsstrahl rechtwinklig auf das Zifferblatt projiziert, so würde seine Projektion auf den Stundenzeiger bei $1\frac{1}{2}$ Uhr, 2 Uhr, 12 Uhr und 12 Uhr in den verschiedenen Projektionsarten fallen.

B. Übungen in schiefer Parallelprojektion.

§ 35. Aufgabe 1. Einen Würfel, dessen Kante $a = 1{,}8 \, cm$*) gegeben ist, in Stirnstellung zu zeichnen ($\varphi = 45°$, $q = \frac{1}{2}$). (Fig. 27 Taf. I.)

*) Das Maß ist hier wie auch in den folgenden Aufgaben nur der Raumersparnis wegen so klein gewählt worden.

Übungen: 1. Welche Kanten des Würfels erscheinen im Bilde in der wirklichen Lage und Größe, welche Flächen in der wahren Größe und Gestalt?

2. Die Diagonalebene $AGFD$ in der wahren Gestalt und Größe zu zeichnen.

3. Die Mittelpunkte der Würfelflächen zu bestimmen und das eingeschriebene regelmäßige Oktaeder mit seinen Achsen zu zeichnen.

4. Einen Pyramidenwürfel mit vorgeschriebener Pyramidenhöhe zu zeichnen.

5. Ein Rhombendodekaeder zu zeichnen $\left(\text{Pyramidenhöhe gleich } \frac{a}{2}\right)$.

6. Dem Würfel ein regelmäßiges Tetraeder einzuzeichnen.

7. In den vorstehenden Fällen Kanten, Winkel und Flächen, die in der Zeichnung nicht in der wirklichen Größe (und Gestalt) erscheinen, in solcher zu zeichnen.

8. Die Netze der gezeichneten Körper zu entwerfen.

Aufgabe 2. Einen Würfel inÜbereckstellung zu zeichnen ($\varphi = 45^\circ$, $q = \frac{1}{2}$), wenn seine Flächendiagonale $d = 2{,}4$ cm gegeben ist. (Fig. 28 Taf. I.)

Übungen ähnlich wie zu Aufgabe 1.

§ 36. Aufgabe 3. Ein regelmäßiges Oktaeder in Stirnstellung zu zeichnen ($\varphi = 30^\circ$, $q = \frac{1}{3}$), wenn die Kante $a = 2$ cm gegeben ist. (Fig. 29, Taf. I.)

Bemerkung zur Lösung: Die Länge der Achsen kann mit Hülfe eines Grundrisses bestimmt werden.

Übungen: 1. Welche Oktaederkanten erscheinen im Bilde in der wirklichen Größe?

2. Wo ist der Neigungswinkel der Seitenflächen gegen die Grundfläche $ABCD$ in der Figur leicht in der richtigen Größe zu zeichnen?

3. Die Mittelpunkte der Oktaederflächen zu bestimmen und durch Aufsetzen von Pyramiden von gegebener Höhe ein Pyramidenoktaeder herzustellen.

Anleitung: Wenn man die Verbindungslinien von G mit den Mittelpunkten der Oktaederflächen verlängert, erhält man die Höhen der Pyramiden, von denen die über den links und rechts gelegenen Flächen in der wahren Größe erscheinen. Die Spitzen der Pyramiden über den vorderen und hinteren Flächen findet man u. a. auf

Grund der Bemerkung, daß die Verbindungslinie der Spitze über ABE mit der über BCE zu AC parallel läuft.

4. Die Pyramidenhöhe so zu wählen, daß ein Rhombendodekaeder entsteht.

Anleitung: Die BC anliegenden Pyramidenflächen gehen in eine Ebene über, so daß die beiden Pyramidenspitzen auf der durch die Mitte von BC gehenden Senkrechten liegen.

Aufgabe 4. Ein regelmäßiges Oktaeder in Übereckstellung zu zeichnen ($\varphi = 30^\circ$, $q = \frac{1}{3}$), wenn seine Achse $d = 3$ cm gegeben ist, und das zugehörige regelmäßige Tetraeder zu konstruieren. (Fig. 30, Taf. I.)

§ 37. Aufgabe 5. Ein regelmäßiges Tetraeder in Stirnstellung zu zeichnen ($\varphi = 45^\circ$, $q = \frac{1}{2}$), wenn die Kante $a = 3$ cm gegeben ist. (Fig. 31, Taf. I.)

Anleitung: Mit Hülfe des Grundrisses ist zunächst die Länge der Flächen- und der Körperhöhe zu bestimmen.

Übungen: 1. Den Flächenwinkel an den Kanten in der wirklichen Größe zu zeichnen.

2. Ein regelmäßiges Tetraeder zu zeichnen, wenn

a) seine Oberfläche gleich einem Quadrat mit gegebener Seite c,

b) seine Körperhöhe gleich einer gegebenen Strecke h sein soll.

Anleitung: Aus den Gleichungen $c^2 = a^2 \sqrt{3}$ und $h = \frac{a}{3}\sqrt{6}$ ist nach den Regeln der algebraischen Geometrie erst a zu konstruieren. Im ersteren Falle kann man auch den vierten Teil des Quadrats über c in ein gleichseitiges Dreieck verwandeln.

Aufgabe 6. Ein Ikositetraeder mit dem Parameterverhältnis $1:2:2$ zu zeichnen ($\varphi = 45^\circ$, $q = \frac{1}{2}$). (Teilweise ausgeführt in Fig. 32, Taf. I.)

§ 38. Aufgabe 7. Eine hexagonale Doppelpyramide zu zeichnen ($\varphi = 30^\circ$, $q = \frac{1}{3}$), wenn die Grundkante $a = 1{,}5$ cm und die Höhe $h = 5{,}2$ cm gegeben sind. (Fig. 33, Taf. I.)

Aufgabe 8. Eine dreiseitige Ecke nach ihrem Netz zu zeichnen ($\varphi = 45^\circ$, $q = \frac{1}{2}$). Gegeben die Seiten der Ecke gleich 70°, 65° und 55°. (Fig. 34, Taf. I.)

Anleitung: Die Fläche CAD lege man wagerecht und AD parallel zur Bildebene. Dann erscheint ADH in der wirklichen Lage und Größe. Durch DG ist die Richtung der hinteren Kante und der Fußpunkt E der Höhe BE bestimmt und durch diese die obere Kante.

Aufgabe 9. Einen geraden Zylinder zu zeichnen ($\varphi = 90°$, $q = \frac{1}{2}$). (Fig. 35, Taf. I.)

Aufgabe 10. Einen geraden Kegel zu zeichnen ($\varphi = 90°$, $q = \frac{1}{3}$). (Fig. 36, Taf. I.)

Aufgabe 11. Von einer Kugel den Äquator sowie die beiden Meridiane zu zeichnen, die zur Zeichenebene parallel bezw. senkrecht sind. ($\varphi = 90°$, $q = \frac{1}{2}$, Fig. 37, Taf. I; $\varphi = 30°$, $q = \frac{1}{3}$, Fig. 38, Taf. I.)

C. Übungen in rechtwinkliger Projektion.

§ 39. Vorbemerkungen: 1) Bei der schiefwinkligen Parallelprojektion ist durch das Bild der abgebildete Gegenstand nicht eindeutig bestimmt; denn es gehört zwar zu jedem Punkt des Raumes nur ein Punkt der Bildebene, aber nicht umgekehrt, da ein Punkt der letzteren aus jedem Punkte entstanden sein kann, der auf dem betreffenden Projektionsstrahl liegt. Soll der Gegenstand durch das Bild eindeutig bestimmt sein, so sind zwei Bildebenen nötig. Man stellt die eine gewöhnlich senkrecht, die andere wagerecht und wendet dabei die rechtwinklige Projektion an. Die senkrechte Ebene liefert den Aufriß, die wagerechte den Grundriß, ihre Schnittlinie heiße die x-Achse.

2) Denkt man sich die Grund- und Aufrißebene nach allen Seiten unbegrenzt, so teilen sie den ganzen Raum in vier Quadranten, die wir wie in Fig. 39 (Taf. II) als den ersten, zweiten, dritten und vierten Quadranten bezeichnen wollen. Die Projektionen A und B eines Punktes P_1 erhält man, wenn man von ihm aus die Lote auf die beiden Ebenen fällt. Legt man durch diese beiden Lote die Ebene, so schneidet diese die x-Achse in E und liefert in den Projektionsebenen die Strecken $AE = P_1B$ und $BE = P_1A$, die angeben, um wieviel der Punkt P_1 vor der Aufriß- und über der Grundrißebene liegt.

3) Die Grundrißebene wird nun um die x-Achse in der Richtung der gezeichneten Pfeile herumgeklappt, bis sie mit der Aufrißebene zusammenfällt. Dadurch wird EA die Verlängerung von BE, und die beiden Projektionen des Punktes P_1 liegen senkrecht übereinander. Für die Punkte P_2, P_3 und P_4 in den übrigen Quadranten lassen sich ähnliche Betrachtungen anstellen.

In der Folge bedeuten Buchstaben mit einem Strich Projektionen in der Grundrißebene, solche mit zwei Strichen Projektionen in der Aufrißebene, Buchstaben ohne Strich die abgebildeten Gegenstände selbst, und zwar $A, B, C, P, Q \ldots$ Punkte, g, h gerade Linien oder Strecken, e, f Ebenen.

§ 40. Aufgabe 1. In den verschiedenen Fällen der Fig. 40 (Taf. II) ist festzustellen, in welchem Quadranten der abgebildete Punkt P liegt und wie weit er vor oder hinter der Aufrißebene und über oder unter der Grundrißebene liegt.

Anleitung. Man denke sich die Grundrißebene mit der Projektion P' in ihre ursprüngliche Lage zurückgeklappt.

Aufgabe 2. In den verschiedenen Fällen der Fig. 41 (Taf. II) ist die Lage der abgebildeten Strecke g näher festzustellen. (Weitere Beispiele für den Fall, daß die Strecke nicht im ersten Quadranten liegt.)

Aufgabe 3. Die Spurpunkte einer Geraden (P_1 und P_2, Fig. 41f, Taf. II) d. h. ihre Schnittpunkte mit den Bildebenen zu bestimmen.

Aufgabe 4. Die Projektionen des Schnittpunktes zweier Geraden g und h zu bestimmen. (Fig. 42, Taf. II.)

§ 41. Aufgabe 5. In den verschiedenen Fällen der Fig. 43 (Taf. II) die Lage der durch ihre Spuren (d. h. durch ihre Schnittlinien mit den Bildebenen) abgebildeten Ebene e näher zu bestimmen.

Aufgabe 6. Die Schnittlinie zweier Ebenen e und f zu bestimmen. (Fig. 44, Taf. II.)

Anleitung. Die Schnittpunkte der Spuren der Ebene müssen der gesuchten Geraden angehören, und zwar ihre Spurpunkte sein.

Aufgabe 7. Den Schnittpunkt einer Geraden g mit einer Ebene e zu bestimmen. (Fig. 45, Taf. II.)

Anleitung. Man lege durch g die zur Grundrißebene senkrechte Ebene, die die Spuren g' und $B'B''$ besitzt. Diese Ebene schneidet die Ebene e in einer Geraden, deren Projektionen $A'B'$ und $A''B'$ sind. Der Schnittpunkt dieser Geraden mit g ist der gesuchte Punkt P.

Aufgabe 8. Die wahre Länge einer Strecke g aus ihren Projektionen zu finden. (Fig. 46, Taf. II.)

Anleitung. Man drehe die Strecke um eine durch das eine Ende gelegte, zur Grundrißebene senkrechte Achse, bis sie der Aufrißebene parallel ist; dann sind die neuen Projektionen h' und h'', und die letztere gibt die wahre Länge der Strecke g an.

Der Winkel zwischen h'' und h' ist zugleich der Neigungswinkel der Geraden g gegen die Grundrißebene.

§ 42. Vorbemerkung. In manchen Fällen ist es vorteilhaft, noch eine dritte Bildebene zu Hülfe zu nehmen, die man senkrecht zu den beiden andern legt. Sie liefert den Seitenriß und schneidet die Grundrißebene in der y-Achse und die Aufrißebene in der z-Achse. Für die Zeichnung wird sie um die z-Achse herumgeklappt, bis sie mit der Aufrißebene in eine Ebene fällt. Die Figuren 47a und b (Taf. II) zeigen, wie man aus den beiden ersten Projektionen eines Punktes P die dritte erhalten kann.

Aufgabe 9. Einen Würfel in Stirnstellung durch Grund-, Auf- und Seitenriß abzubilden.

Übungen: 1. Die Spurpunkte einer Diagonale des Würfels zu bestimmen.

2. Die wahre Länge einer Diagonale und ihren Neigungswinkel zur Grundrißebene zu bestimmen.

3. Die Spuren einer teils von Diagonalen, teils von Kanten des Würfels begrenzten Ebene zu bestimmen.

Aufgabe 10. Den gezeichneten Würfel um eine Senkrechte zur Aufrißebene, darauf um eine Senkrechte zur Grundrißebene und schließlich wieder um eine Senkrechte zur Aufrißebene zu drehen. (Fig. 48, Taf. II.)

Anleitung. Bei einer Drehung um eine Senkrechte zur Aufrißebene dreht sich der Aufriß ohne Gestaltänderung mit, und es bleiben die Abstände aller Punkte von der Aufrißebene erhalten; entsprechend in dem andern Falle.

§ 43. Aufgabe 11. Ein regelmäßiges Oktaeder durch eine auf der Grundrißebene senkrecht stehende Ebene zu schneiden und die Schnittfigur in der wahren Gestalt und Größe zu zeichnen. (Fig. 49, Taf. III.)

Anleitung. Man denke sich die Schnittebene um ihre zweite Spur (e'') gedreht bis zum Zusammenfallen mit der Aufrißebene. Dann behalten alle Punkte der Schnittfigur ihren Abstand von e'' und ihre Höhe über der Grundrißebene.

Aufgabe 12. Einen geraden Zylinder durch eine zur Aufrißebene senkrechte Ebene zu schneiden, den Mantel mit der Schnittlinie abzuwickeln und die Schnittfigur in der wahren Gestalt und Größe zu zeichnen. (Fig. 50, Taf. III.)

Anleitung. Man teile den Grundkreis in gleiche Teile und ziehe die Mantellinien der Teilpunkte. Für die Zeichnung der Schnittfigur denke man sich von den Punkten, in denen sie von den Mantellinien geschnitten wird, die Lote auf e' gefällt. Dann ist die Länge dieser Lote auf e'', der Abstand ihrer Fußpunkte auf e' unmittelbar abzumessen.

Aufgabe 13. Ein gerader Kegel ist durch eine zur Aufrißebene senkrechte Ebene zu schneiden und die Schnittfigur in der wahren Gestalt und Größe zu zeichnen. (Fig. 51a—d, Taf. III.)

Dabei sind die folgenden Fälle zu unterscheiden:

a) Die Schnittebene schneidet zwei gegenüberliegende Seitenlinien des Kegels,

b) Die Schnittebene läuft einer Seitenlinie parallel,

c) Die Schnittebene schneidet zugleich den Gegenkegel.

D. Übertragung von Eigenschaften durch Parallelprojektion. Besondere Fälle.

§ 44. 1) Gemäß § 33 bleiben in dem durch Parallelprojektion entstandenen Bilde manche Eigenschaften des abgebildeten Gegenstandes erhalten, andere wiederum nicht; es lohnt sich, dieselben noch einmal zusammenzustellen und zu ergänzen.

Bei der Parallelprojektion bleibt stets erhalten:

1. Eine Gerade als Gerade,
2. Die Parallelität von Geraden,
3. Das Verhältnis, in dem eine Strecke geteilt ist,
4. Das Verhältnis, in dem parallele Strecken zueinander stehen, und außerdem
5. Die Berührung einer krummen Linie durch eine Tangente.

Punkt 5 bedarf noch der Begründung. Denkt man sich zunächst eine Sekante abgebildet, die als Bild wieder eine Sekante liefert, und sie um den einen Schnittpunkt gedreht, bis die Schnittpunkte zusammenfallen und die Sekante zur Tangente wird, so müssen in demselben Augenblick auch die Bilder der Schnittpunkte zusammenfallen und es muß die Sekante auch im Bilde zur Tangente werden.

2) Fragen: 1. Ein gleichseitiges Dreieck ABC liefert bei Parallelprojektion als Bild im allgemeinen ein ungleichseitiges, schiefwinkliges Dreieck. Läßt sich nun die Eigenschaft des Dreiecks ABC,

daß sich dort die Winkelhalbierenden in einem Punkte schneiden, auf das Dreieck $A'B'C'$ übertragen, oder dieselbe Eigenschaft bezüglich der Seitenhalbierenden? Und wenn die Übertragung möglich ist, gilt dann die betreffende Eigenschaft ohne weiteres für jedes beliebige Dreieck?

2. Ähnliche Fragen bezüglich der Diagonalen eines Quadrats, das durch Parallelprojektion im allgemeinen zu einem ungleichseitigen, schiefwinkligen Parallelogramm wird.

3. Welche der bisher durchgenommenen Dreieckssätze enthalten (parallel)-projektivische Eigenschaften des Dreiecks, d. h. solche, die bei der Parallelprojektion erhalten bleiben?

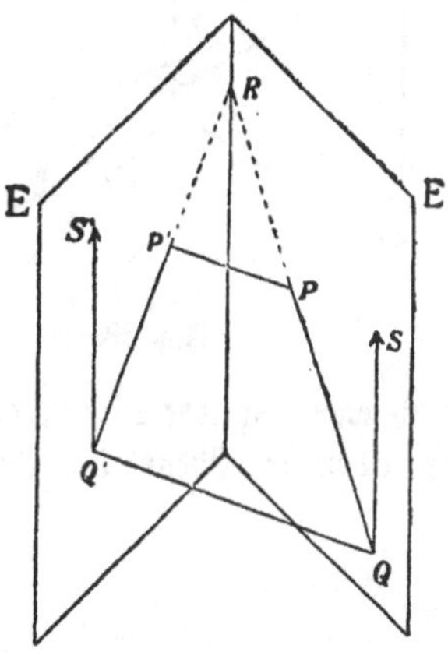

Fig. 52.

§ 45. Ein besonderer Fall liegt vor, wenn der abzubildende Gegenstand eine ebene Figur ist. Ist in diesem Falle die Bildebene der Figurebene parallel, so sind Figur und Bild kongruent (als Grundflächen eines Prismas). Ist dagegen die Bildebene zur Figurebene geneigt, so daß sich beide in einer Geraden, der Projektionsachse, schneiden, so ist klar, daß jeder Punkt der Projektionsachse mit seinem Bilde zusammenfällt. Eine Gerade der Figurebene muß sich daher mit ihrem Bilde auf jener Achse treffen, es sei denn, daß sie der Projektionsachse parallel läuft, in welchem Falle ihr Bild auch dieser Achse parallel ist; man kann dann sagen, der Schnittpunkt von Gerade und Bild sei auf der Projektionsachse ins Unendliche gerückt. (Fig. 52.)

Es läßt sich übrigens in dem vorstehenden Falle die Beziehung zwischen Figur und Bild umkehren, d. h. man kann das bisherige Bild als Figur und die bisherige Figur als Bild auffassen.

§ 46*. Dreht sich die Figur (oder auch das Bild) mit ihrer Ebene um die Projektionsachse, so bleibt auch in der neuen Lage die Beziehung der Parallelprojektion erhalten.

Beweis. PQ drehe sich mit der Figurebene so um die Projektionsachse (Fig. 53), daß die Punkte P und Q in den zur Achse senkrechten Ebenen PAP'' und QBQ'' die Kreisbogen $\widehat{PP''}$ und $\widehat{QQ''}$ beschreiben.

Dann sind deren Sehnen $\overline{PP''}$ und $\overline{QQ''}$ parallel als Durchschnittslinien der genannten Ebenen mit der Ebene RQQ''. Da außerdem $PP' \parallel QQ'$ ist, so sind die Ebenen $P'PP''$ und $Q'QQ''$ zueinander parallel und daher auch ihre Durchschnittslinien $P'P''$ und $Q'Q''$ mit der Ebene $RQ'Q''$.

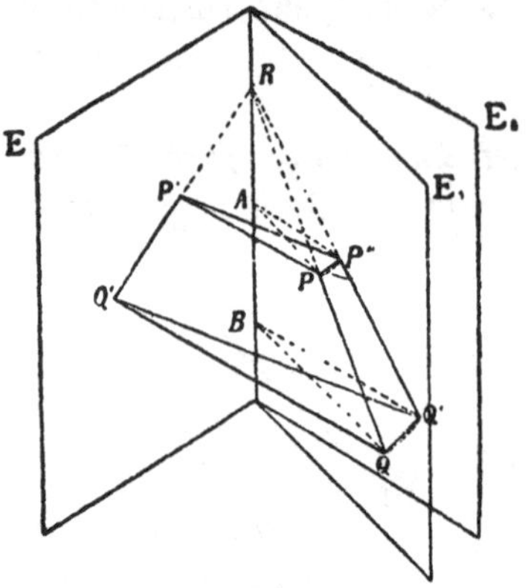

Fig. 53.

Anmerkung. Dreht man die Bildebene soweit, daß sie mit der Figurebene zusammenfällt, so kommt man zu dem Begriff der Parallelprojektion in der Ebene. In einer Ebene liegen also zwei Figuren in Parallelprojektion („affin“), wenn die Verbindungslinien entsprechender Punkte parallel sind und entsprechende Seiten der beiden Figuren sich auf einer bestimmten Geraden der Ebene, der Projektionsachse, schneiden.

§ 47. Ein noch speziellerer Fall liegt vor, wenn die Projektionsstrahlen auf der einen Ebene senkrecht stehen, während sie die andere schief treffen, wie in Fig. 54. Betrachtet man hier E als Bildebene, so ist $A'B'C'$ das Bild von ABC in schiefer Parallelprojektion; wird hingegen E_1 als Bildebene angesehen, so stellt ABC das Bild von $A'B'C'$ in recht winkliger Projektion dar.

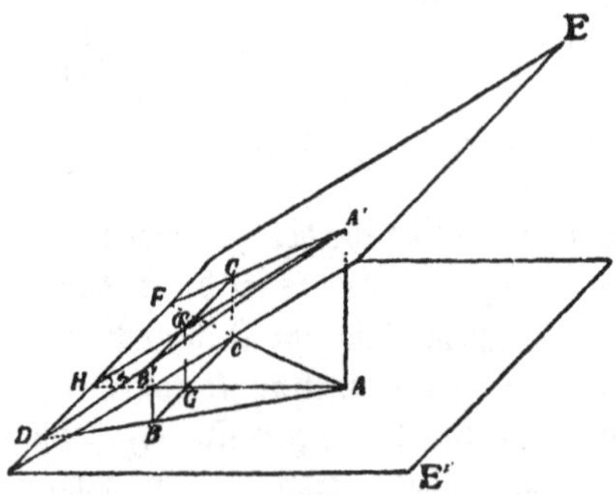

Fig. 54.

In diesem besonderen Falle liegt das Bild $(A'G')$ einer zur Projektionsachse senkrechten Strecke (AG) selbst senkrecht zu dieser Achse, und beide bilden dort den Neigungswinkel α der beiden Ebenen, so daß $\cos\alpha = \frac{AH}{A'H} = \frac{AG}{A'G'}$ oder $AG = A'G' . \cos\alpha$ ist. Dementsprechend findet man, wenn BC und $B'C'$ zur Projektionsachse parallel laufen, für die Flächeninhalte J und J' der Dreiecke ABC und $A'B'C'$:

$$J = \tfrac{1}{2} BC \,.\, AG = \tfrac{1}{2} B'C' \,.\, A'G' \,.\, \cos\alpha \text{ und } J' = \tfrac{1}{2} B'C' \,.\, A'G',$$

also

$$J = J' \cos\alpha \text{ oder } J' = \frac{J}{\cos\alpha}.$$

Dieselben Gleichungen gelten für beliebige Dreiecke, sofern das eine nur die rechtwinklige Projektion des andern ist, da sich solche Dreiecke leicht aus Dreiecken der betrachteten Art zusammensetzen lassen, und daher auch für beliebige Figuren. Es ergibt sich also der Satz:

Projiziert man eine ebene Figur rechtwinklig auf eine andere Ebene, so ist der Flächeninhalt des Bildes gleich dem Produkt aus dem Flächeninhalt der Figur und dem Kosinus des Neigungswinkels der beiden Ebenen.

E. Die Zentralprojektion.

§ 48. 1) Durch Zentralprojektion bildet man im Raum befindliche Punkte auf einer Ebene ab (vgl. § 32), indem man sie mit einem gegebenen Punkt, dem Projektionszentrum, verbindet und die Durchschnittspunkte der Verbindungslinien mit der Bildebene bestimmt. Im allgemeinen ist daher das Bild eines Punktes wieder ein Punkt, das Bild einer Geraden eine Gerade, das Bild einer Strecke also die Verbindungslinie der Bilder ihrer Endpunkte. Besondere Fälle liegen vor, wenn die Projektionsstrahlen der Bildebene parallel laufen; es rücken dann die Bilder der betreffenden Punkte ins Unendliche. Die Bilder aller Punkte und Linien, die der durch das Projektionszentrum gehenden, zur Bildebene parallelen Ebene angehören, liegen also im Unendlichen.

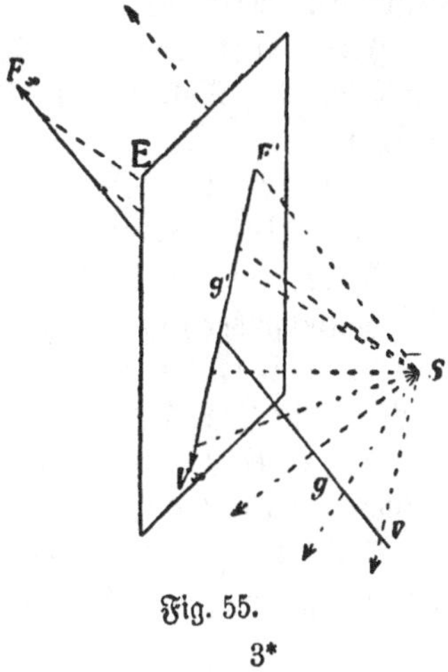

Fig. 55.

2) Das Bild einer unbegrenzten Geraden ist nach beiden Seiten unbegrenzt, wenn jene der Bildebene parallel ist; es schrumpft dagegen zu einem Punkt zusammen, wenn die Gerade zugleich selbst Projektionsstrahl ist. In jedem anderen Falle ist das Bild einer Geraden (wenn man von dem Teil der Geraden absieht, der hinter dem Projektionszentrum liegt) nach einer Seite hin

begrenzt, und zwar durch den Punkt, in dem der zur gegebenen Geraden parallel gezogene Projektionsstrahl die Bildebene schneidet. (Fig. 55.) Diesen Punkt nennt man den Fluchtpunkt der Bildgeraden. Parallele Gerade haben daher denselben Fluchtpunkt. Zur Zeichenebene senkrechte Geraden haben als Fluchtpunkt den Fußpunkt des Lotes, das vom Projektionszentrum auf die Bildebene gefällt wird. Diesen Punkt nennt man Hauptpunkt oder Augenpunkt und seine Entfernung vom Projektionszentrum Distanz. Die Fluchtpunkte aller Geraden, die unter einem Winkel von 45° gegen die Bildebene geneigt sind, liegen auf dem sogenannten Distanzkreis, d. h. auf dem Kreise der Bildebene, der mit der Distanz als Halbmesser um den Hauptpunkt geschlagen ist. Steht die Gerade steiler zur Bildebene, so liegt ihr Fluchtpunkt innerhalb, im entgegengesetzten Falle außerhalb des Distanzkreises. (Vgl. Fig. 56, wo der Neigungswinkel α aller Geraden, die in F ihren Fluchtpunkt haben, zur Bildebene konstruiert ist.)

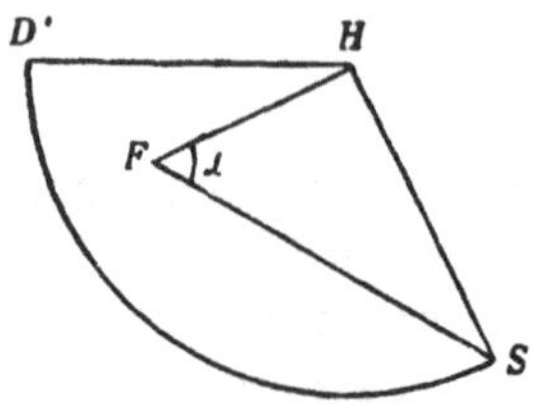

Fig. 56.

Denkt man sich die Bildebene in senkrechter Lage, so ist die durch den Hauptpunkt in ihr gezogene Wagerechte der Ort für die Fluchtpunkte der Bilder aller wagerechten Geraden.

Hiernach sind die folgenden Aufgaben leicht zu lösen, wobei zu beachten ist, daß das Bild einer zur Bildebene parallelen Figur ihr ähnlich ist (weshalb?).

§ 49. Aufgabe 1. Einen Würfel in Stirnstellung zu zeichnen. (In Fig. 57a, Taf. IV, ist H der Hauptpunkt und $HD' = HD''$ die Distanz.)

Aufgabe 2. Einen Würfel in Übereckstellung zu zeichnen. (Fig. 57b, Taf. IV.)

Anleitung. Die Grundfläche ist von der zur Bildebene parallelen Diagonale ausgehend leicht zu zeichnen. Die senkrechten Kanten BC und HE erhält man auf Grund der Schlußbemerkung von § 48 durch die in Fig. 57b ausgeführte Hülfskonstruktion.

Aufgabe 3. Ein regelmäßiges Oktaeder in Stirnstellung zu zeichnen. (Fig. 58, Taf. IV.)

Anleitung. Die Höhe erhält man ebenfalls auf Grund der Schlußbemerkung von § 48 durch die Hülfskonstruktion.

§ 50. 1) Nur für Strecken, die einer zur Bildebene parallelen Ebene angehören, bleibt im Bilde die gegenseitige Lage und ihr Verhältnis erhalten; Bild und Figur sind in diesem Falle einander ähnlich.

Sonst aber bleibt im allgemeinen weder die Länge einer Strecke, noch ihre Richtung, noch auch das Verhältnis, in dem sie geteilt ist, erhalten. Auch sind parallele Strecken im Bilde nicht parallel. (Vgl. Fig. 57.)

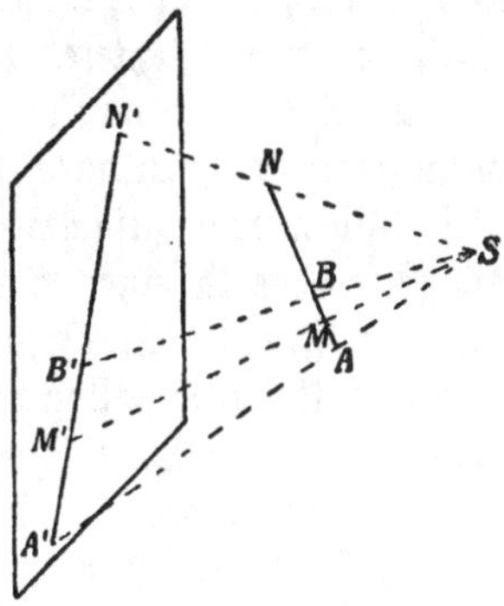

Fig. 59.

2) Erhalten bleibt aber die harmonische Teilung einer Strecke. Denn wenn A, B, M, N (Fig. 59) harmonische Punkte sind, so bilden SA, SB, SM und SN ein harmonisches Strahlenbüschel, das seinerseits die Bildstrecke wiederum harmonisch teilt (vgl. § 4,1). A', B', M', N' sind also gleichfalls harmonische Punkte.

Hieraus folgt weiter: Läuft der Projektionsstrahl eines von vier harmonischen Punkten der Bildebene parallel, während die andern sie treffen, so ist der mittlere dieser drei Bildpunkte von den beiden andern gleichweit entfernt (da der vierte Bildpunkt in Unendliche rückt. Vgl. § 4,2a). Sind in Fig. 60 A, B, M, N harmonische Punkte und ist $SA \| E$, so liegt A' im Unendlichen und es ist $B'M' = B'N'$.

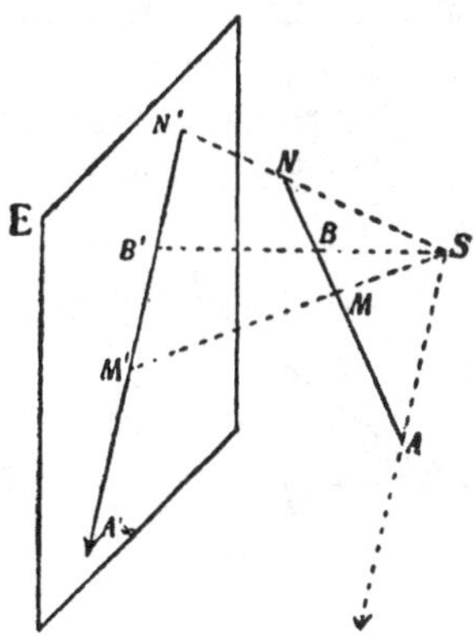

Fig. 60.

Die Sekante einer krummen Linie ist auch im Bilde Sekante und wenn sie durch Drehung zur Tangente wird, so wird auch die Bildgerade zur Tangente.

§ 51. **Besondere Fälle.** 1) Ein besonderer Fall liegt vor, wenn der abzubildende Gegenstand eine ebene Figur ist (vgl. § 45). Ist diese der Bildebene parallel, so ist das Bild der Figur ähnlich (und ähnlich gelegen), wie die vordere und hintere Fläche des Würfels in Fig. 57a oder die eine Diagonalebene in Fig. 57b. Das Projektionszentrum ist dann zugleich Ähnlichkeitspunkt.

Liegt dagegen die Ebene der Figur der Bildebene nicht parallel, so ist eine solche Ähnlichkeit nicht vorhanden. Die Schnittlinie der beiden Ebenen heißt auch hier Projektionsachse. Jede ihrer Punkte bildet sich in sich selbst ab; jede Gerade der Figurebene schneidet sich also mit ihrer Bildgeraden auf der Projektionsachse oder läuft mit ihrem Bilde der letzteren parallel.

2) Die Fluchtpunkte aller Geraden der Figurebene erhält man, wenn man zu ihnen durch das Projektionszentrum die Parallelen zieht; diese bilden aber zusammen eine zur Figurebene parallele Ebene, die die Bildebene in einer Geraden, der Fluchtgeraden, d. h. der Gesamtheit der Fluchtpunkte schneidet. Es ergibt sich also der Satz: Die Fluchtpunkte aller Bildgeraden bilden eine gerade Linie, die Fluchtgerade, d. i. die Durchschnittslinie der Bildebene mit der zur Figurebene parallel laufenden, durch das Projektionszentrum gelegten Ebene.

3) Von den Punkten der Figurebene bilden sich diejenigen im Unendlichen ab, deren Projektionsstrahlen zur Bildebene parallel sind, das sind aber die Punkte der Geraden, in der die Figurebene von der zur Bildebene parallel laufenden, durch das Projektionszentrum gelegten Ebene geschnitten wird. Diese Gerade heißt Verschwindungslinie (weil ihr Bild ins Unendliche hinein verschwindet). Es besteht also der Satz:

Die Punkte der Verschwindungslinie, d. h. der Geraden, in der die Figurebene von der zur Bildebene parallelen, durch das Zentrum gehenden Ebene geschnitten wird, bilden sich im Unendlichen ab.

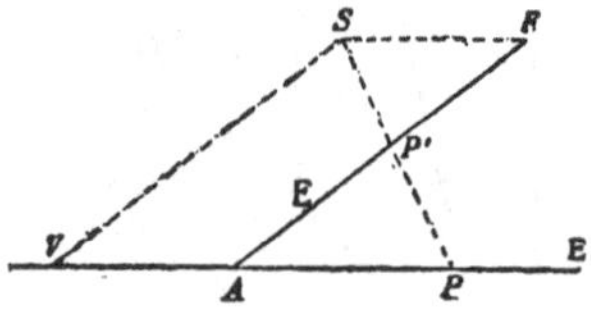

Fig. 61.

4) Fluchtgerade und Verschwindungslinie sind der Projektionsachse parallel; legt man durch das Projektionszentrum S die zur Projektionsachse senkrechte Ebene, die letztere in A, die Fluchtgerade in F und die Verschwindungslinie in V schneiden möge, so bilden diese vier Punkte ein Parallelogramm (Fig. 61).

In dem vorliegenden Fall lassen sich Gegenstand und Bild miteinander vertauschen, d. h. das Bild kann als Gegenstand und der Gegenstand als Bild aufgefaßt werden; dann tauschen auch Fluchtgerade und Verschwindungslinie ihre Bedeutung gegeneinander aus.

§ 52.* Denkt man sich ein Dreieck in Zentralprojektion abgebildet, so müssen sich nach dem vorigen die Seiten des Dreiecks mit ihren Bildgeraden auf der Projektionsachse schneiden. Umgekehrt gilt auch

Liegen in zwei sich schneidenden Ebenen zwei Dreiecke (ABC und $A'B'C'$) so, daß sich die entsprechenden Seiten auf der Schnittlinie der Ebenen schneiden, so kann stets ein Punkt (S) gefunden werden, von dem aus das eine Dreieck als Zentralprojektion des andern erscheint, d. h. sie liegen perspektiv.

Beweis. AB und $A'B'$ mögen die Schnittlinie in M, BC und $B'C'$ in N, CA und $C'A'$ in P treffen. Dann liegen AB und $A'B'$ in der Ebene MBB', BC und $B'C'$ in der Ebene NCC' und CA und $C'A'$ in der Ebene PAA'. Daher schneiden sich AA', BB', CC' dort, wo sich die genannten drei Ebenen schneiden, d. h. in einem Punkte S, der allerdings auch im Unendlichen liegen kann, wenn nämlich $AA' \parallel BB' \parallel CC'$ ist (Parallelprojektion als besonderer Fall der Zentralprojektion, vgl. § 32).

§ 53.* Satz. Gehen die Ebenen dreier Figuren durch eine und dieselbe Achse und sind zwei der Figuren zur dritten perspektiv, so sind sie auch untereinander perspektiv und die drei Projektionszentren liegen in gerader Linie.

Beweis. Wenn die Dreiecke ABC und $A'B'C'$ perspektiv liegen, so schneiden sich die entsprechenden Seiten AB und $A'B'$ usw. auf der Projektionsachse, ebenso die entsprechenden Seiten der Dreiecke ABC und $A''B''C''$, also AB und $A''B''$ usw. Daher treffen sich auch $A'B'$ und $A''B''$ usw. auf der Projektionsachse, und $A'B'C'$ und $A''B''C''$ liegen demnach nach dem vorigen Satze perspektiv.

Das erste Zentrum liegt auf AA', das zweite auf AA'', das dritte auf $A'A''$, alle drei also in der Ebene $AA'A''$ und ebenso in der Ebene $BB'B''$, daher in der Schnittlinie dieser beiden Ebenen, durch die auch die Ebene $CC'C''$ hindurchgehen muß.

Da sich jede Figur aus Dreiecken zusammensetzen läßt, kann der Satz auf beliebige Figuren übertragen werden.

§ 54.* 1) Ein besonderer Fall liegt vor, wenn von zwei perspektiv gelegenen Figuren die eine mit ihrer Ebene um die Projektionsachse gedreht wird; denn die zu drehende Figur liegt zu der gedrehten in Parallelprojektion, d. h. perspektiv mit unendlich fernem Zentrum. Daher muß auch die gedrehte Figur zu der unveränderten perspektiv liegen. Das ergibt den Satz:

Dreht man eine von zwei perspektiv gelegenen Figuren um die Projektionsachse, so bleibt die perspektive Lage erhalten.

2) Dreht man so weit, daß die beiden Ebenen zusammenfallen, so kommt man zu dem Begriff der Zentralprojektion in der Ebene. In einer Ebene liegen also zwei Figuren in Zentralprojektion („kollinear"), wenn die Verbindungslinien entsprechende Punkte durch einen bestimmten Punkt der Ebene, das Projektionszentrum, gehen und entsprechende Seiten der beiden Figuren sich auf einer bestimmten Geraden der Ebene, der Projektionsachse, schneiden.

Dritter Abschnitt.

Grundzüge der synthetischen Geometrie der Kegelschnitte.

A. Ellipse, Parabel und Hyperbel als geometrische Örter.

I. Die Ellipse.

§ 55. 1) Der geometrische Ort des Punktes, dessen Abstände von zwei gegebenen Punkten (derselben Ebene) eine konstante Summe ($2a$) haben, heißt Ellipse. Die gegebenen Punkte F_1 und F_2 sind die Brennpunkte der Ellipse, ihre Entfernung heißt Exzentrizität und wird mit $2e$ bezeichnet.

2) Man erhält Punkte der Ellipse, wenn man die Strecke $2a$ in zwei beliebige Teile r_1 und r_2 zerlegt und mit r_1 um F_1 und r_2 um F_2 (sowie auch umgekehrt) Kreise beschreibt. Die vier Schnittpunkte A, A_1, A_2 und A_3 (Fig. 62, Taf. IV) sind alsdann Punkte der Ellipse; sie liegen zu zweien sowohl zu F_1F_2, der Hauptachse, als auch zu der Mittelsenkrechten von F_1F_2, der Nebenachse, symmetrisch. Zugleich ist $AF_1A_2F_2$ ein Parallelogramm, in dem sich die Diagonalen gegenseitig halbieren, d. h. AA_2 trifft die Hauptachse in der Mitte O von F_1F_2, und es ist $OA = OA_2$. Es ergeben sich also die Sätze:

a) Die Ellipse liegt symmetrisch zur Hauptachse wie zur Nebenachse.

b) Jede durch den Schnittpunkt der Achsen (den Mittelpunkt) gehende Sehne der Ellipse wird in ihm halbiert und heißt Durchmesser.

Konstruktion von beliebig vielen Ellipsenpunkten. Fadenkonstruktion.

§ 56. Die beiden Punkte der Hauptachse C und D, die um a von O entfernt sind, gehören gleichfalls der Ellipse an, da

$$CF_1 + CF_2 = CF_1 + DF_1 = 2a$$

ist; ebenso die Punkte der Nebenachse G und H, die von jedem Brennpunkt um a entfernt sind. Die ersteren heißen die Hauptscheitel, die letzteren die Nebenscheitel der Ellipse, der Abstand der Hauptscheitel ($2a$) gibt die Länge der Hauptachse, der der Nebenscheitel ($2b$) die Länge der Nebenachse an. Die mit a und b um O geschlagenen Kreise heißen Haupt- und Nebenkreis der Ellipse. Aus dem Dreieck F_1OG ergibt sich für Hauptachse, Nebenachse und Exzentrizität die Beziehung $b^2 = a^2 - e^2$.

§ 57. Der Durchmesser AA_2 ist kleiner als $AF_1 + F_1A_2$, also auch kleiner als $AF_1 + AF_2 = 2a = CD$; daher ist die große Achse der größte Durchmesser. Der Hauptkreis schließt also die Ellipse völlig ein und berührt sie in den Hauptscheiteln, da er nur diese Punkte mit ihr gemein hat. — Ist ferner $AF_1 = a - x$, so ist $AF_2 = a + x$, und da AO die Seitenhalbierende in dem Dreieck AF_1F_2 ist, $AO^2 = \frac{1}{2}(AF_1^2 + AF_2^2) - \frac{1}{4} F_1F_2^2$. Hieraus folgt aber $AO^2 = a^2 + x^2 - e^2$, oder AA_2 nimmt den kleinsten Wert für $x = 0$ an, d. h. wenn $AO^2 = a^2 - e^2$ oder AO die Nebenachse ist. Die Ellipse liegt daher vollständig außerhalb des Nebenkreises, den sie in den Nebenscheiteln berührt. Es gelten also die Sätze:

Unter allen Durchmessern der Ellipse ist die Hauptachse der größte, die Nebenachse der kleinste; die Ellipse liegt zwischen Haupt- und Nebenkreis und berührt sie in den Scheiteln.

§ 58. Nur für die Punkte der Ellipse selbst ist die Summe der Abstände von den Brennpunkten gleich $2a$, für alle außerhalb oder innerhalb gelegenen aber größer oder kleiner als $2a$. Denn wenn für einen außerhalb gelegenen Punkt P die Linie PF_1 die Ellipse in A schneidet, so ist $PA + PF_2 > AF_2$, also $PA + PF_2 + AF_1 > AF_2 + AF_1$ oder $PF_1 + PF_2 > 2a$. (Nachweis für einen Punkt im Innern entsprechend.)

§ 59. 1) Verlängert man F_2A um AF_1 bis B und errichtet auf BF_1 in J das Mittellot, so geht es durch A, hat also diesen Punkt mit der Ellipse gemein. Für einen beliebigen andern Punkt Q des Mittellotes ist nun $QF_1 + QF_2 = QB + QF_2 > BF_2$, also größer als $2a$. Alle andern Punkte des Mittellotes liegen daher außerhalb der Ellipse, und das Lot berührt die Ellipse im Punkte A.

2) Der Punkt B liegt nun, wo auch A liegen möge, auf dem mit $2a$ um F_2 geschlagenen Kreise, dem einen Leitkreise der Ellipse, und ist zugleich der Gegenpunkt des Brennpunktes F_1 in Bezug auf die Tangente. Dem gefundenen Satz können wir also die Form geben:

Der Gegenpunkt eines Brennpunktes in Bezug auf eine Tangente der Ellipse liegt auf dem Leitkreise des anderen Brennpunktes; oder auch: Die Verbindungslinie eines Brennpunktes mit dem Gegenpunkt des andern in Bezug auf eine Tangente der Ellipse geht durch den Berührungspunkt der Tangente.

Konstruktion der Tangente in einem gegebenen Punkte der Ellipse.

§ 60. OJ ist parallel zu BF_2 und gleich $\frac{1}{2} BF_2 = a$ (weshalb?) Daher ist J ein Punkt des Hauptkreises, zugleich aber die Projektion des Brennpunktes F_1 auf die Tangente.

Es ergibt sich also der Satz:

Die Projektion eines jeden Brennpunktes auf eine Tangente der Ellipse liegt auf dem Hauptkreise. Konstruktion der Tangente a) in einem Punkte der Ellipse, b) von einem außerhalb gelegenen Punkte (Wieviel Tangenten sind in letzterem Falle möglich?) Konstruktion der Ellipse selbst mit Hülfe der umhüllenden Tangenten (Umhüllungskonstruktion).

§ 61. Nennt man die auf der Tangente im Berührungspunkte errichtete Senkrechte Normale und AF_1 und AF_2 die Brennstrahlen des Punktes A, so ergibt sich ferner noch aus der Zeichnung:

Bei der Ellipse halbiert die Normale den von den Brennstrahlen des Berührungspunktes gebildeten Winkel, die Tangente dessen Nebenwinkel.

Konstruktion der Normale durch Halbierung des Brennstrahlenwinkels, der Tangente durch Halbierung des Nebenwinkels.

§ 62. Da A von F_1 und dem Leitkreise um F_2 gleichweit entfernt ist, so läßt sich die Ellipse auch als der geometrische Ort des Punktes betrachten, der von einem Kreise und einem innerhalb gelegenen Punkte gleichen Abstand hat.

Schlägt man mit AF den Kreis um A, so berührt er den um F_2 geschlagenen Leitkreis; die Ellipse ist daher auch der geometrische Ort für den Mittelpunkt der Kreise, die einen gegebenen Kreis berühren und durch einen innerhalb desselben gelegenen Punkt gehen.

II. Die Parabel.

§ 63. 1) Wird der Leitkreis der Ellipse dadurch, daß sein Radius ins Unendliche wächst, zu einer Geraden, so geht die Ellipse in eine krumme Linie über, die Parabel genannt wird. (Fig. 63, Taf. IV.)

Die Parabel ist also der geometrische Ort eines Punktes, der von einem gegebenen Punkt, dem Brennpunkt F, und einer gegebenen

Geraden, der Leitlinie L, gleichweit entfernt ist (oder auch der geometrische Ort für den Mittelpunkt aller Kreise, die durch einen gegebenen Punkt gehen und eine gegebene Gerade berühren).

2) Die durch den Brennpunkt zur Leitlinie gelegte Senkrechte heißt die Achse der Parabel; der Abstand des Brennpunktes von der Achse $FM = p$ wird von der Parabel in C halbiert. Ist A ein Punkt der Parabel und $AB \perp L$, so ist nach der obigen Erklärung $AB = AF$, daher ABF ein gleichschenkliges Dreieck und A als Schnittpunkt des Mittellotes von BF mit der Senkrechten auf L in B bestimmt.

Klappt man die obere Hälfte der Figur um die Achse herum, so erhält man einen zweiten Punkt der Parabel, der zu A in Bezug auf die Achse symmetrisch ist.

Die Parabel liegt also zu ihrer Achse symmetrisch. Durchmesser der Parabel nennt man jede Parallele zur Achse (der Grund wird später klar werden).

Konstruktion beliebig vieler Punkte der Parabel, wenn die Leitlinie und der Brennpunkt gegeben ist,

a) wie angegeben.

b) dadurch daß man Parallelen zu L zieht wie PR und jedesmal mit MR um F Kreisbogen schlägt.

§ 64. Für alle außerhalb oder innerhalb der Parabel gelegenen Punkte ist der Abstand vom Brennpunkt größer oder kleiner als der von der Leitlinie. Denn ziehen wir von einem außerhalb gelegenen Punkte P die Strecken PF, $PR \perp MF$, $PN \perp L$, von denen PR die Parabel in A schneiden möge, so ist $PF > AF$, also auch größer als AB oder PN. (Nachweis für einen inneren Punkt entsprechend.)

§ 65. Das auf BF in J errichtete Mittellot hat mit der Parabel den Punkt A gemein; für jeden andern Punkt desselben Q ist, wenn $QT \perp L$, $QT < QB$, also auch $QT < QF$. Daher liegen alle andern Punkte des Mittellotes außerhalb der Parabel, und dieses berührt die Parabel in A. Wir erhalten also die Sätze:

a) Der Gegenpunkt des Brennpunktes einer Parabel in Bezug auf eine Tangente liegt auf der Leitlinie.

b) Zieht man durch den Gegenpunkt des Brennpunktes in Bezug auf eine Tangente einer Parabel den Durchmesser, so geht derselbe durch den Berührungspunkt der Tangente.

Und ferner:

c) Bei der Parabel halbiert die Tangente den Winkel, der von dem Brennstrahl des Berührungspunktes und der Verlängerung des durch ihn gezogenen Durchmessers gebildet wird; die Normale halbiert den Nebenwinkel.

Konstruktion der Tangente in einem Punkte der Parabel.

§ 66. Verbindet man J mit C, so ist $JC \perp MF$ und zugleich die Bedingung des § 65,a erfüllt, also ergibt sich:

a) Die im Scheitel auf der Achse einer Parabel errichtete Senkrechte berührt die Parabel und heißt Scheiteltangente (sie entspricht dem Hauptkreis der Ellipse).

b) Die Projektion des Brennpunktes einer Parabel auf eine Tangente liegt auf der Scheiteltangente. Konstruktion einer Tangente a) in einem Punkte der Parabel, b) von einem Punkte außerhalb der Parabel. (Wieviel Tangenten lassen sich in letzterem Fall ziehen?) Umhüllungskonstruktion der Parabel.

III. Die Hyperbel.

§ 67. 1) Liegt in der Schlußerklärung von § 62 der gegebene Punkt außerhalb des Kreises, so heißt der geometrische Ort des Punktes, der von beiden gleichen Abstand hat, Hyperbel (Fig. 64, Taf. IV), und es läßt sich leicht einsehen, daß für jeden Hyperbelpunkt die Differenz der Entfernungen von F_1 und F_2 konstant ist. Wir können also erklären: Die Hyperbel ist der geometrische Ort des Punktes, dessen Entfernungen von zwei gegebenen Punkten eine konstante Differenz ($2a$) haben; oder: Die Hyperbel ist der geometrische Ort des Punktes, der von einem gegebenen Kreise und einem außerhalb desselben gelegenen Punkte gleichweit entfernt ist (oder auch der geometrische Ort für die Mittelpunkte aller Kreise, die einen gegebenen Kreis berühren und durch einen außerhalb desselben gelegenen Punkt gehen).

Die Bezeichnungen Brennpunkte, Achsen, Exzentrizität ($2e$) bedeuten dasselbe wie bei der Ellipse.

2) Punkte der Hyperbel erhält man, wenn man zwei Strecken r_1 und r_2 so auswählt, daß $r_2 - r_1 = 2a$ ist, und damit wie bei der Ellipse verfährt. Es bleiben daher auch die Schlußfolgerungen bezüglich der symmetrischen Lage zu den Achsen und der Halbierung der Durchmesser im Schnittpunkt der Achsen, dem Mittelpunkt der Hyperbel, bestehen. Konstruktion beliebig vieler Hyperbelpunkte.

§ 68. 1) Die beiden Punkte der Hauptachse C und D, die um a von O entfernt sind, gehören gleichfalls der Hyperbel an, da $CF_2 - CF_1 = DF_1 - CF_1 = 2a$ ist. Auf der Nebenachse liegt dagegen kein Punkt der Hyperbel, da für jeden Punkt derselben die Differenz der Abstände von den Brennpunkten gleich Null ist. Die Hyperbel besteht also aus zwei völlig getrennten Zweigen. Von einer Länge der Nebenachse kann an und für sich keine Rede sein.

2) Der Durchmesser AA_2 ist größer als $A_2F_1 - AF_1 = AF_2 - AF_1 = 2a$. Daher ist die große Achse unter allen Durchmessern der kleinste, und die Hyperbel liegt ganz außerhalb des Hauptkreises, den sie in den Scheiteln berührt.

§ 69. Für alle Punkte außerhalb oder innerhalb*) der Hyperbel ist die Differenz ihrer Abstände von den Brennpunkten kleiner oder größer als $2a$. Denn da $PF_2 - PA < AF_2$ ist, so ist auch $PF_2 - PA - AF_1 < AF_2 - AF_1$ oder $PF_2 - PF_1 < 2a$. (Nachweis für einen inneren Punkt entsprechend.)

§ 70. Verkürzt man nun AF_2 um AF_1 bis B und errichtet auf BF_1 in J das Mittellot, so geht dieses durch A und hat demnach diesen Punkt mit der Hyperbel gemein. Für jeden andern Punkt Q des Lotes ist aber $QF_2 - QF_1 = QF_2 - QB$, also kleiner als $BF_2 = 2a$. Daher liegen alle andern Punkte des Lotes außerhalb der Hyperbel, und es berührt letztere in A. Da B auf dem mit $2a$ um F_2 geschlagenen Leitkreise liegt, so ergibt sich der Satz:

a) Der Gegenpunkt eines Brennpunktes der Hyperbel in Bezug auf eine Tangente liegt auf dem Leitkreise des andern Brennpunkts.

Ebenso entsprechend wie bei der Ellipse:

b) Die Verbindungslinie eines Brennpunktes mit dem Gegenpunkt des andern in Bezug auf eine Tangente der Hyperbel geht durch den Berührungspunkt der Tangente.

c) Die Projektionen der Brennpunkte einer Hyperbel auf eine Tangente liegen auf dem Hauptkreise.

d) Bei der Hyperbel halbiert die Tangente den von den Brennstrahlen des Berührungspunktes gebildeten Winkel, die Normale den Nebenwinkel.

---

*) Außerhalb der Hyperbel soll ein Punkt liegen, wenn er sich zwischen den beiden Hyperbelzweigen befindet, innerhalb, wenn er innerhalb eines Hyperbelzweiges liegt.

Konstruktion einer Tangente a) in einem Punkte der Hyperbel, b) von einem Punkte außerhalb der Hyperbel (wieviel Tangenten?).

§ 71. Wird $F_1 J$ (Fig. 65, Taf. IV) Tangente des Hauptkreises, so geht die Tangente JQ durch O und $F_2 B$ wird zu ihr parallel, d. h. der Berührungspunkt A rückt ins Unendliche. Das Gleiche gilt für die Verlängerung dieser Geraden und für die zu ihr in Bezug auf die Hauptachse symmetrische Linie. Man nennt diese beiden durch den Mittelpunkt gehenden Geraden, die in zwei ihrer Scheitelwinkel die Hyperbeläste vollständig einschließen und denen sich diese immer mehr nähern, ohne sie jemals zu erreichen, Asymptoten.

Die Asymptote OJ schneide die durch C gehende Scheiteltangeute in T. Dann ist $\Delta\, TOC \cong JOF_1$ und daher $TC = JF_1 = \sqrt{e^2 - a^2}$. Man nennt diese Strecke b und betrachtet sie als die halbe Länge der Nebenachse, obwohl von einer solchen eigentlich nicht die Rede sein kann (vgl. § 68). Es ist also bei der Hyperbel $b^2 = e^2 - a^2$.

IV. Übungen.

§ 72. Übungsaufgaben zur Ellipse.

1) Gegeben die Brennpunkte und die Hauptscheitel. Die Schnittpunkte der Ellipse mit einem um den einen Brennpunkt geschlagenen Kreis zu zeichnen, dessen Radius kleiner als die Hauptachse ist.

2) Gegeben die Brennpunkte und die Hauptscheitel. Die Schnittpunkte der Ellipse mit einer beliebigen Geraden zu zeichnen.

Anleitung. Man betrachte die gesuchten Punkte als Mittelpunkte von Kreisen, die durch F_2 gehen und den um F_1 geschlagenen Leitkreis berühren; dann schneiden sich diese beiden Kreise zum zweitenmal in einem Punkt X, der zu F_2 in Bezug auf die gegebenen Gerade symmetrisch liegt. Die Tangenten, die die beiden Kreise mit dem Leitkreise gemeinsam haben, gehen mit XF_2 durch denselben Punkt, das gemeinschaftliche Potenzzentrum der drei Kreise. Dieser Punkt kann aber durch XF_2 und jeden andern Kreis, der durch X und F_2 geht, bestimmt werden.

3) Gegeben die Brennpunkte und eine Tangente. Den Berührungspunkt zu suchen und den Hauptkreis zu zeichnen.

4) Gegeben die Brennpunkte und die Hauptscheitel. Eine Tangente a) parallel, b) senkrecht zu einer gegebenen Geraden zu ziehen.

5) Gegeben die Haupt- und Nebenscheitel. Die Brennpunkte zu suchen.

6) Gegeben die Hauptscheitel und eine Tangente. Die Brennpunkte und die Berührungspunkte zu suchen.

§ 73. **Übungssätze zur Ellipse.**

1) Jeder Punkt einer Tangente ist von einem jeden Brennpunkt und seinem Gegenpunkt in Bezug auf die Tangente gleich weit entfernt.

2) Der Schnittpunkt zweier Tangenten ist von jedem Brennpunkt und seinen Gegenpunkten in Bezug auf die Tangenten gleich weit entfernt.

3) Jeder Punkt einer Tangente ist von den Brennstrahlen des Berührungspunktes gleich weit entfernt.

4) Der Schnittpunkt zweier Tangenten ist von den vier Brennstrahlen der Berührungspunkte gleich weit entfernt.

Anleitung. Man zeichne die Gegenpunkte des einen Brennpunkts in Bezug auf beide Tangenten und verbinde sie mit dem andern Brennpunkt und dem Schnittpunkt der Tangenten und auch die beiden letzteren Punkte miteinander. Dann sind die über dieser Verbindungslinie stehenden Dreiecke, deren Spitzen die Gegenpunkte sind, kongruent, also auch die vom Schnittpunkt auf die gegenüberliegenden Dreiecksseiten gefällten Höhen einander gleich. — Weiter nach 3).

5) Der Brennstrahl nach dem Schnittpunkt zweier Tangenten bildet mit den (von demselben Brennpunkt ausgehenden) Brennstrahlen der Berührungspunkte gleiche Winkel.

Anleitung. Mit Hülfe der bei 4) benutzten kongruenten Dreiecke.

6) Geht die Berührungssehne zweier Tangenten durch einen Brennpunkt, so steht der Brennstrahl des Schnittpunktes der Tangenten auf ihr senkrecht (vgl. 5).

7) Die von einem Punkt aus gezogenen Tangenten bilden mit seinen Brennstrahlen gleiche Winkel.

Anleitung. Der Schnittpunkt der Tangenten sei M, der Gegenpunkt von F_1 in Bezug auf die benachbarte Tangente A, der von F_2 in Bezug auf die andere Tangente B; dann ist $\triangle MAF_2 \cong \triangle MF_1B$, also $\sphericalangle AMF_2 = \sphericalangle F_1MB_1$ usw.

8) Die Strecke einer beweglichen Tangente zwischen zwei festen Tangenten erscheint von jedem Brennpunkt aus unter einem konstanten Winkel.

Anleitung. Durch zweimalige Anwendung des Übungssatzes 5 ergibt sich, daß der betreffende Winkel halb so groß ist als der Winkel, den die Brennstrahlen nach den Berührungspunkten der festen Tangenten einschließen.

9) Die Tangenten in den Hauptscheiteln begrenzen auf jeder anderen Tangente eine Strecke, die von einem jeden Brennpunkt aus gesehen unter einem rechten Winkel erscheint. (Nach der Anleitung zu 8.)

10) Das Rechteck aus den Loten, die von den Brennpunkten auf eine Tangente gefällt werden können, ist konstant, und zwar gleich dem Quadrat der halben kleinen Achse.

Anleitung. Sind die beiden Lote, die gerade bis zum Hauptkreis reichen, p und q, so erhält man q noch einmal, wenn man p bis zum zweiten Schnittpunkt mit dem Hauptkreis verlängert, und es ist alsdann nach dem Sehnensatz

$$p \cdot q = (a + e) \cdot (a - e) = a^2 - e^2 = b^2.$$

§ 74. Übungsaufgaben zur Parabel.

1) Gegeben Leitlinie und Brennpunkt. Die Schnittpunkte der Parabel mit einer beliebigen Geraden zu zeichnen.

Anleitung. Man betrachte die gesuchten Punkte als Mittelpunkte von Kreisen, die durch F gehen und L in A und B berühren. Dann schneiden sich die beiden Kreise außer in F noch in seinem Gegenpunkt X in Bezug auf die gegebene Gerade. FX schneide L in C, dann ist CA^2 $(= CB^2) = CX \cdot CF$.

2) Gegeben Leitlinie und Brennpunkt. Eine Tangente a) parallel, b) senkrecht zu einer gegebenen Geraden zu ziehen.

3) Gegeben der Brennpunkt, die Richtung der Achse und eine Tangente. Den Scheitel der Parabel und den Berührungspunkt zu suchen.

4) Gegeben eine Tangente, die Scheiteltangente und der Parameter. Den Brennpunkt und die Achse zu bestimmen.

§ 75. Übungssätze zur Parabel.

1) Jede Tangente (vom Berührungspunkt bis zum Schnittpunkt mit der Achse gerechnet) wird durch die Scheiteltangente, ihre Projektion auf die Achse vom Scheitel halbiert.

2) Die Projektion einer jeden Normale auf die Achse ist gleich p.

Anleitung. Man errichte auf der Tangente in ihrem Schnittpunkt mit der Scheiteltangente die Senkrechte und benutze ähnliche Dreiecke.

3) Der Brennpunkt ist von dem Berührungspunkt einer Tangente, ihrem Schnittpunkt mit der Achse und dem Schnittpunkt der zugehörigen Normale mit der Achse gleich weit entfernt.

4) Jeder Punkt einer Tangente ist vom Brennpunkt und seinem Gegenpunkt in Bezug auf die Tangente gleich weit entfernt.

5) Der Schnittpunkt zweier Tangenten ist vom Brennpunkt und seinen Gegenpunkten in Bezug auf die Tangenten gleich weit entfernt.

6) Jeder Punkt einer Tangente ist von dem Brennstrahl und dem Durchmesser des Berührungspunktes gleich weit entfernt.

7) Der Schnittpunkt zweier Tangenten ist von den Brennstrahlen und den Durchmessern der Berührungspunkte gleich weit entfernt.

Anleitung. Da der Schnittpunkt von den beiden Gegenpunkten des Brennpunkts gleich weit entfernt ist (vgl. 5), so liegt er mitten zwischen den Durchmessern.

8) Der Brennstrahl nach dem Schnittpunkt zweier Tangenten bildet mit den Brennstrahlen der Berührungspunkte gleiche Winkel.

Anleitung. Der Brennstrahl nach dem Schnittpunkt bildet mit den von diesem Punkt aus auf die Brennstrahlen der Berührungspunkte gefällten Loten kongruente Dreiecke.

9) Bei der Parabel ist der Winkel zwischen zwei Tangenten halb so groß als der von ihm abgewandte Winkel zwischen den Brennstrahlen der Berührungspunkte.

Anleitung. Man ziehe die Durchmesser der Berührungspunkte und des Schnittpunktes und betrachte die beiden Winkel, in die der Winkel der Tangenten zerlegt erscheint.

10) Geht die Berührungssehne zweier Tangenten durch den Brennpunkt, so steht der Brennstrahl nach dem Schnittpunkt der Tangenten auf der Berührungssehne senkrecht, und die Tangenten bilden selbst auch einen rechten Winkel. (Nachweis mit Hülfe von 8 und 9.)

11) Zwei Tangenten einer Parabel bilden mit dem Brennstrahl und dem Durchmesser ihres Schnittpunktes gleiche Winkel.

Anleitung. Die von dem Schnittpunkt der Tangenten nach den Gegenpunkten des Brennpunktes gezogenen Verbindungslinien bilden mit der Leitlinie ein gleichschenkliges Dreieck, dessen Winkel an der Spitze durch den vom Schnittpunkt ausgehenden Durchmesser halbiert wird.

12) Die Strecke einer beweglichen Tangente zwischen zwei festen Tangenten erscheint vom Brennpunkt aus gesehen unter einem konstanten Winkel, der den Winkel der festen Tangenten zu $2R$ ergänzt.

Anleitung. Durch zweimalige Anwendung des Satzes 8 ergibt sich, daß der Winkel, unter dem die bewegliche Tangente erscheint, halb so groß ist als der Winkel, den die Brennstrahlen nach den Berührungspunkten der festen Tangenten miteinander bilden; letzterer ist aber doppelt so groß als das Supplement des Winkels der festen Tangenten.

Folgerung. Die Ecken eines Tangentendreiecks und der Brennpunkt liegen auf einem Kreise.

13) Die Strecke einer Parabeltangente zwischen dem Berührungspunkt und der Leitlinie erscheint vom Brennpunkt aus gesehen unter einem rechten Winkel.

Anleitung. Durch Kongruenz zweier Dreiecke läßt sich zeigen, daß jener Winkel gleich dem Winkel ist, den der Durchmesser des Berührungspunktes und die Leitlinie miteinander bilden.

§ 76. Übungsaufgaben zur Hyperbel.

1) Gegeben die Brennpunkte und die Scheitel. Die Schnittpunkte der Hyperbel mit einem um den einen Brennpunkt geschlagenen Kreise zu bestimmen, dessen Radius größer als die Hauptachse ist.

2)—4) entsprechend § 72,2–4.

5) Gegeben die Brennpunkte und die Scheitel. Die Länge der Nebenachse zu bestimmen.

6) entsprechend § 72,6.

§ 77. Übungssätze zur Hyperbel.

1)—10) entsprechend § 73,1–10.

11) Das durch den Mittelpunkt der Hyperbel und eine Scheiteltangente begrenzte Stück jeder Asymptote ist gleich e.

Anleitung. Man fälle vom Brennpunkt das Lot auf die Asymptote, das darauf die Strecke a abschneidet. Die beiden rechtwinkligen Dreiecke sind kongruent.

12) Der Abstand jedes Brennpunktes von den Asymptoten ist gleich b (11).

13) Bei der gleichseitigen Hyperbel, bei der $a = b$ ist, stehen die Asymptoten aufeinander senkrecht.

14) Die von den Asymptoten begrenzte Strecke einer Tangente erscheint von beiden Brennpunkten aus gesehen unter einer Winkelsumme von 180°. (Zweimalige Anwendung von 8.)

15) Die Schnittpunkte irgend einer Tangente mit den Asymptoten und die beiden Brennpunkte liegen auf einem Kreise (14).

16) Jede Tangente begrenzt auf den Asymptoten Strecken von konstantem Produkt (gleich e^2).

Anleitung. Man zeichne den in 15) erwähnten Kreis und wende den Sehnensatz an.

17) Die Hyperbeltangenten begrenzen mit den Asymptoten Dreiecke von konstantem Inhalt (16).

B. Ellipse, Parabel und Hyperbel als Kegelschnitte.

I. Die Ellipse als Zylinderschnitt.

§ 78. Durch den in Fig. 66, Taf. V (in schiefer Parallelprojektion, $\varphi = 90^\circ$, $q = \frac{1}{2}$) gezeichneten geraden Zylinder sei eine zur Zeichenebene senkrechte Ebene schief hindurchgelegt, die die Ebene $ABCD$ in GH, die Grundebene in P und den Zylindermantel in der gezeichneten krummen Linie schneidet. Punkte dieser Schnittlinie lassen sich leicht finden, wenn man in dem Grundkreise Sehnen zieht, die senkrecht zur Zeichenebene sind, und bedenkt, daß die senkrecht darüber befindlichen Sehnen der Schnittfigur ihnen gleich und parallel sind.

Wir führen nun von oben und unten in den Zylinder die berührenden Kugeln ein, bis sie die Schnittebene in den Punkten F_1 und F_2 der Geraden GH berühren, und zeichnen außerdem die (der Grundebene parallelen) Kreise, in denen diese Kugeln den Mantel des Zylinders berühren. Verbinden wir dann einen beliebigen Punkt E der Schnittlinie mit F_1 und F_2 und legen durch E die Seitenlinie des Zylinders, die die Berührungskreise der Kugeln in Q und R schneidet, so ist $EF_1 = ER$ und $EF_2 = EQ$ (da die von einem Punkt an eine Kugel gezogenen Tangenten gleich lang sind) und daher $EF_1 + EF_2 = ER + EQ = QR$. QR ist aber für jeden Punkt der Schnittlinie gleich der überall gleichen Entfernung der Berührungskreise voneinander. Daher ergibt sich:

Der schiefe Schnitt eines geraden Kreiszylinders ist eine Ellipse.

Die große Achse der Ellipse GH ist gleich dem Abstande der Berührungskreise, die kleine Achse ST gleich dem Durchmesser des Grundkreises.

§ 79. Dreht sich die Schnittebene um ST, so nimmt die Ellipse bei gleichbleibender kleiner Achse alle möglichen Formen an, als deren Grenzfälle ein dem Grundkreise kongruenter Kreis und zwei parallele Gerade (die durch S und T gehenden Seitenlinien des Zylinders) auftreten. Soll die Ellipse aber eine andere kleine Achse erhalten, so muß der Durchmesser des Zylinders entsprechend geändert werden. Zu einer durch ihre Achsen gegebenen Ellipse läßt sich also stets ein

Zylinder finden, der sie als schiefen Schnitt enthält; denn durch die kleine Achse ist die Dicke des Zylinders und durch die große Achse die Lage des Schnittes bestimmt.

II. Ellipse, Parabel und Hyperbel als Kegelschnitte.

§ 80. In der Fig. 67, Taf. V ist der (in schiefer Parallelprojektion, $\varphi = 90^0$, $q = \frac{1}{2}$) gezeichnete gerade Kegel durch eine zur Zeichenebene senkrechte Ebene schief zur Achse so geschnitten, daß zwei gegenüberliegende Seitenlinien des Kegels getroffen werden. Diese Ebene schneidet den Achsenschnitt des Kegels SCD in $C'D'$. Ferner wählen wir unter den Kugeln, die den Kegelmantel berühren, die beiden aus, die zugleich die Schnittebene, und zwar in den Punkten F_1 und F_2 der Geraden $C'D'$, berühren, und zeichnen die (dem Grundkreise parallelen) Kreise QN und $Q'N'$, in denen sie den Kegelmantel berühren. Darauf nehmen wir auf der krummen Schnittlinie einen beliebigen Punkt A an, verbinden ihn mit F_1 und F_2 und ziehen durch A die Seitenlinie des Kegels, die die Berührungskreise in E und B schneidet. Dann ist $AF_1 = AB$ und $AF_2 = AE$, also $AF_1 + AF_2 = AB + AE = EB$. EB ist aber für jeden Punkt der Schnittlinie konstant gleich $SB - SE$; daher ist die Schnittlinie eine Ellipse mit der großen Achse $C'D'$ und den Brennpunkten F_1 und F_2.

§ 81. Hält man den Punkt D' fest und dreht die Schnittebene so, daß sie stets senkrecht zur Zeichenebene bleibt, so wird die Ellipse in der Längsrichtung immer gestreckter, und wenn die Schnittebene schließlich der Seitenlinie SC parallel wird, so schließen sich die Seitenäste im Endlichen nicht mehr (Fig. 68, Taf. V). Von den Berührungskugeln ist nur die eine übrig geblieben, die die Schnittebene in F und die Seitenlinien SC und SD in Q und N berührt. MF schneide QN in K. Einen beliebigen Punkt A der krummen Schnittlinie verbinden wir nun mit F, ziehen durch A die Seitenlinie des Kegels, die den Berührungskreis in E trifft, und legen durch A die zum Grundkreise parallele Ebene, die den Kegelmantel in einem Kreise schneidet und SC in J sowie MF in H trifft. Alsdann ist

$$AF = AE = SA - SE = SJ - SQ = QJ = KH.$$

L sei die Gerade, in der die Schnittebene die Ebene des Berührungskreises QN schneidet; dann steht L wie diese beiden Ebenen senkrecht auf der Ebene SCD und damit auch senkrecht auf MK. Fällen wir nun von A das Lot AG auf L, so ist $AHKG$ ein Rechteck und daher $KH = GA$, mithin auch $AF = AG$. A ist also von einem Punkt und einer Geraden der Schnittebene gleich weit entfernt und die Schnittlinie daher eine Parabel mit dem Brennpunkt F und der Leitlinie L.

§ 82. Senken wir die Schnittebene noch weiter, so schneidet sie den Mantel des Gegenkegels, der bisher von ihr nicht getroffen wurde, in einem zweiten Ast, und es entstehen zwei krumme Schnittlinien (Fig. 69, Taf. V), von denen sich entsprechend § 80 nachweisen läßt, daß sie die Äste einer Hyperbel sind, deren Brennpunkte sich wiederum durch die berührenden Kugeln ergeben.

III. Die Leitlinien der Kegelschnitte.

§ 83. In Fig. 68, Taf. V ziehen wir SK und SF; letztere Gerade schneide QN in X. Dann ist in Bezug auf den im Achsenschnitt SCD liegenden Kreis der Berührungskugel QN die Polare von S; daher muß die Polare von K durch S gehen, und da F ein Punkt derselben ist, so muß SF die Polare von K sein. Daher sind K, X, N, Q harmonische Punkte, und SK, SX, SN, SQ bilden ein harmonisches Strahlenbüschel, das die Gerade KM in harmonischen Punkten trifft, von denen einer im Unendlichen liegt. Es folgt daher die schon bekannte Beziehung $KD' = D'F$, die aber jetzt folgendermaßen ausgedrückt werden kann: Leitlinie, Brennpunkt und Parabel schneiden die Achse in harmonischen Punkten.

§ 84. Die Leitlinie der Parabel ist in Fig. 68 die Schnittlinie der Ebene des Berührungskreises mit der Schnittebene. Da es solche Linien auch in Fig. 67, Taf. V und 69, Taf. V gibt, und zwar je zwei, so empfiehlt es sich, auch diese Leitlinien zu nennen, sie zu zeichnen und zu untersuchen. Die harmonische Teilung der Achse erweist sich hier als dieselbe wie bei der Parabel, so daß wir zusammenfassend sagen können: Ein Kegelschnitt schneidet mit der (auf der Achse senkrechten) Leitlinie und dem benachbarten Brennpunkt die Achse in harmonischen Punkten.

§ 85. Fällen wir ferner in Fig. 67 und 69 das Lot AG auf L_2 und legen (wie in Fig. 68) durch A die zum Grundkreis parallele Ebene, die KM in H und SC in J schneidet, so ist $AG = HK$ und $AF_2 = AE = JQ$, also $AG : AF_2 = HK : JQ = KC' : QC'$. KC' und QC' sind aber von der Lage des Punktes A in der Schnittlinie unabhängig, daher ist das Verhältnis $AG : AF_2$ konstant, und zwar bei der Ellipse größer als 1, bei der Hyperbel kleiner als 1.

Es ergibt sich also der Satz:

Bei einem Kegelschnitt ist das Verhältnis des Abstandes eines jeden seiner Punkte von der Leitlinie zum Abstande vom Brennpunkt konstant, und zwar bei der Ellipse größer als 1, bei der Parabel gleich 1 und bei der Hyperbel kleiner als 1.

§ 86. 1) Das Verhältnis $KC' : QC'$ läßt sich noch anders ausdrücken. Wenn die Geraden KM und SC die Ebene, in der die untere (obere) Kugel den Kegelmantel berührt, in K' und Q' schneiden, so verhält sich $KC' : QC' = KK' : QQ'$. QQ' ist aber gleich der großen Achse, und KK', der Abstand der Leitlinien, läßt sich, da $C'D'$ in F_2 und K harmonisch geteilt ist, nach § 2,8 leicht finden. Es ist $a^2 = e \cdot \frac{KK'}{2}$ oder $KK' = \frac{2a^2}{e}$, daher $KK' : QQ' = \frac{2a^2}{e} : 2a = a : e$ oder in Worten:

Bei der Ellipse und Hyperbel verhält sich der Abstand eines jeden Punktes von der Leitlinie zu seinem Abstand von dem zugehörigen Brennpunkt wie die große Achse zur Exzentrizität.

2) Anmerkung. Ebenso läßt sich zeigen, daß KD' (der Abstand des Scheitels von der nächsten Leitlinie) $= \frac{a(a-e)}{e}$ bzw. $\frac{a(e-a)}{e}$, KF_2 (der Abstand des Brennpunkts von der zugehörigen Leitlinie) $= \frac{b^2}{e}$ ist. Nennt man nun die Länge der im Brennpunkt auf der Achse senkrecht stehenden Sehne den Parameter $(2p)$ der Kurve, so ergibt sich $p = \frac{b^2}{a}$ oder $2p = \frac{2b^2}{a}$, während der Parameter der Parabel ihrer Erklärung gemäß doppelt so groß ist als der Abstand des Brennpunktes von der Leitlinie.

§ 87. 1) Aufgabe. Einen gegebenen geraden Kegel durch eine Ebene so zu schneiden, daß die Schnittlinie einer gegebenen Ellipse, Parabel oder Hyperbel kongruent ist.

Die Ellipse sei durch ihre Hauptscheitel C', D' und ihre Brennpunkte F_1 und F_2 (Fig. 67) gegeben, der gerade Kegel durch seinen Achsenschnittswinkel $CSD = 2\sigma$. Nennen wir nun den Mittelpunkt des durch Q, N und F_2 gehenden Kreises Z, so ist $\sphericalangle C'ZD' = 90^\circ + \sigma$. Daher liegt Z außer auf dem in F_2 auf $C'D'$ zu errichtenden Lote auch auf dem Kreisbogen, der $C'D'$ als Sehne und $\sphericalangle(90^\circ + \sigma)$ als Peripheriewinkel faßt.

Bei der durch F und D' gegebenen Parabel ist $\sphericalangle FD'S = 180^\circ - 2\sigma$ und der zweite Ort für Z die Halbierungslinie dieses Winkels.

Bei der Hyperbel ist $\sphericalangle C'ZD' = 90^\circ - \sigma$, und hier ist es möglich, daß das in F_2 zu errichtende Lot den über $C'D'$ zu schlagenden Kreisbogen nicht schneidet. Der gegebene Kegel muß also eine gewisse Weite besitzen, wenn er eine gegebene Hyperbel als Schnitt enthalten soll.

2) Anmerkung. Läßt man die Bedingung fallen, daß der Kegel einen vorgeschriebenen Achsenschnittswinkel haben soll, so kann man unzählig viele Kegel herstellen, die eine gegebene Ellipse, Parabel oder Hyperbel als Schnitt enthalten. Eine genauere Untersuchung zeigt, daß bei gegebenem Kegelschnitt der geometrische Ort für S bei der Ellipse eine Hyperbel, bei der Parabel wieder eine Parabel und bei der Hyperbel eine Ellipse ist. Die Ebene dieser Kurve steht auf der des gegebenen Kegelschnitts senkrecht und ihre Hauptscheitel fallen mit den Brennpunkten, ihre Brennpunkte mit den Hauptscheiteln des letzteren zusammen.

C. Die Kegelschnitte als Projektionen des Kreises.

I. Übertragung von Eigenschaften des Kreises auf die Ellipse als Parallelprojektion des Kreises.

§ 88. In Fig. 66, Taf. V erscheint die Ellipse als schiefe Parallelprojektion des Kreises. Es lassen sich daher alle Eigenschaften des Kreises, die bei der Parallelprojektion erhalten bleiben (s. § 44) auf die Ellipse übertragen, wobei noch in Betracht zu ziehen ist, daß der Kreismittelpunkt bei der Parallelprojektion auch Mittelpunkt der Ellipse wird. Dahin gehören z. B.:

1. Die durch den Mittelpunkt gezogenen Sehnen (Durchmesser) werden in diesem halbiert.

2. Die Tangenten in den Endpunkten eines Durchmessers sind einander parallel.

3. Die Mitten paralleler Sehnen liegen auf einem Durchmesser; die Tangenten in den Endpunkten dieses Durchmessers sind jenen Sehnen parallel. Der den Sehnen parallele Durchmesser halbiert seinerseits wieder die Sehnen, die dem erstgenannten Durchmesser

parallel sind. Solche Durchmesser, von denen jeder die zu dem anderen parallelen Sehnen halbiert, heißen zugeordnete oder konjugierte Durchmesser. (Sie liegen im Kreise zueinander senkrecht; daher sind die Achsen der Ellipse zugeordnete Durchmesser.)

§ 89. Auch die harmonische Teilung bleibt bei der Parallelprojektion erhalten; daher lassen sich auch die Begriffe „Pol" und „Polare" und die darüber in den §§ 7—11 enthaltenen Sätze vom Kreis auf die Ellipse übertragen, wie auch die Sätze von Pascal und Brianchon nebst ihren Folgerungen. Es steht aber hier die Polare im allgemeinen nicht senkrecht auf der Zentrale des Pols (wann doch?). Dagegen ist die Polare eines außerhalb der Ellipse gegebenen Punktes wie beim Kreise die Berührungssehne der von ihm aus gezogenen Tangenten und letztere wird von der Zentrale des Punktes halbiert; infolgedessen ist die Polare parallel zu dem Durchmesser, der der Zentrale des Pols zugeordnet ist.

Da diese Dinge im folgenden ohnehin noch einmal erörtert werden müssen, so soll an dieser Stelle nicht näher darauf eingegangen werden.

§ 90. 1) Aufgabe. Den Flächeninhalt der Ellipse zu berechnen.

Lösung. Bezeichnet man in Fig. 66 den Flächeninhalt der Ellipse mit J, den des Grundkreises mit J_1 und den Neigungswinkel ihrer beiden Ebenen mit φ, so ist nach § 47: $J = \frac{J_1}{\cos\varphi}$ oder da $J_1 = r^2\pi = b^2\pi$ und $\cos\varphi = \frac{b}{a}$ ist, $\underline{J = ab\pi}$.

2) Übungssätze (durch projektive Übertragung zu beweisen):

a) Der Flächeninhalt eines von zwei zugeordneten Halbmessern gebildeten Dreiecks ist konstant gleich dem Dreieck zweier Halbachsen; oder $a'b' \sin\delta = ab$, wenn δ den Winkel zwischen den zugeordneten Halbmessern a' und b' bedeutet.

b) Der Flächeninhalt eines Sehnenparallelogramms, dessen Diagonalen zwei zugeordnete Durchmesser sind, ist konstant gleich dem halben Rechteck aus den Achsen.

c) Der Flächeninhalt eines Tangentenparallelogramms, dessen Seiten zugeordneten Durchmessern parallel sind, ist konstant gleich dem Rechteck aus den Achsen.

d) In jedem Tangentenparallelogramm einer Ellipse gehen sowohl die Diagonalen als auch die Verbindungslinien der gegenüberliegenden Berührungspunkte durch den Mittelpunkt, die Diagonalen sind zugeordnete Durchmesser, und die Verbindungslinien benachbarter Berührungspunkte laufen den Diagonalen parallel.

e) Die von einem Ellipsenpunkt nach den Endpunkten eines Durchmessers gezogenen Sehnen sind zugeordneten Durchmessern parallel.

II. Übertragung von Eigenschaften des Kreises auf die Kegelschnitte als Zentralprojektionen des Kreises.

§ 91. 1) In den Figuren 67—69, Taf. V können wir den Grundkreis des Kegels als abzubildenden Gegenstand, die Schnittebene als Bildebene und die Spitze des Kegels als Projektionszentrum auffassen. Die Kegelschnitte erscheinen daher als Zentralprojektionen des Kreises. Der Unterschied der einzelnen Fälle besteht darin, daß die durch S zur Bildebene parallele Ebene die Ebene des Grundkreises bei der Ellipse außerhalb des Grundkreises, bei der Parabel in einer Tangente und bei der Hyperbel in einer Sekante des letzteren schneidet

2) Alle Eigenschaften des Kreises, die bei der Zentralprojektion erhalten bleiben (s. § 48), lassen sich daher auf die Kegelschnitte übertragen, wobei indessen festzuhalten ist, daß der Mittelpunkt des Kreises nicht dem Mittelpunkt des Kegelschnitts entspricht.

3) Übertragen lassen sich in erster Linie die Begriffe Pol und Polare, wenn man wie in § 7 unter der Polare eines Punktes (entsprechend ihrer Eigenschaft beim Kreise) die Gesamtheit der Punkte versteht, die in Bezug auf den Kegelschnitt zu dem gegebenen Punkt harmonisch liegen. Dabei ist es gleichgültig, ob der gegebene Punkt außerhalb oder innerhalb des Kegelschnitts liegt. Im ersteren Fall ist die Polare zugleich die Berührungssehne der vom Pol an den Kegelschnitt gezogenen Tangenten; die Polare eines auf dem Kegelschnitt selbst gelegenen Punktes ist die Tangente in diesem Punkt.

4) Es gelten also wie für den Kreis so auch für die Kegelschnitte im allgemeinen:

1. alle Sätze über Pol und Polare (s. §§ 7—11)
2. der Satz des Pascal mit seinen Folgerungen (§§ 16, 17)
3. der Satz des Brianchon mit seinen Folgerungen (§§ 18, 19).

Es ist dies für jeden einzelnen dieser Sätze ausdrücklich zu zeigen und dann jeder Satz als für Kegelschnitte gültig auszusprechen. Auch sind die dort für den Kreis gelösten Aufgaben nun für die Kegelschnitte zu lösen.

5) Im besonderen ist zu merken, daß bei den Kegelschnitten die Polare im allgemeinen nicht auf dem durch den Pol gehenden Durchmesser senkrecht steht. Es wird später untersucht werden, welche Lage sie zu diesem Durchmesser einnimmt. Infolge der symmetrischen Lage der Kegelschnitte zu ihren Achsen steht aber die Polare eines Achsenpunktes auf der Achse senkrecht und daher ist jede Leitlinie die Polare des zugehörigen Brennpunktes.

6) Die Kegelschnitte sind wie der Kreis Kurven zweiter Klasse und zweiter Ordnung, d. h. man kann von keinem Punkte mehr als zwei Tangenten an sie ziehen, und sie werden von keiner Geraden in mehr als zwei Punkten geschnitten.

§ 92. Übungssätze. (Kegelschnittspolaren.)

1) Zieht man durch den Schnittpunkt zweier Tangenten eines Kegelschnitts eine Sehne, so schneiden sich die in ihren Endpunkten angelegten Tangenten auf der Berührungssehne der ersteren.

2) Der durch den Schnittpunkt zweier Tangenten gehende Durchmesser halbiert die Berührungssehne.

3) Zieht man durch den Schnittpunkt zweier Parabeltangenten den Durchmesser, so wird das zwischen dem Punkt und der Berührungssehne liegende Stück desselben durch die Parabel halbiert.

4) In jedem Sehnenviereck eines Kegelschnitts bilden die Schnittpunkte der Gegenseiten und der Schnittpunkt der Diagonalen ein Poldreieck, d. h. ein Dreieck, in dem jede Seite die Polare der Gegenecke ist.

5) Die Polare eines Punktes der Hauptachse (einer Ellipse oder Hyperbel) ist für den Kegelschnitt und seinen Hauptkreis dieselbe Gerade.

6) Die Polare eines Punktes der Nebenachse (einer Ellipse) ist für den Kegelschnitt und seinen Nebenkreis dieselbe Gerade.

7) Für alle Kegelschnitte (Ellipsen oder Hyperbeln), die eine gemeinsame Hauptachse (oder Nebenachse) besitzen, ist die Polare eines Punktes der Hauptachse (Nebenachse) dieselbe Gerade, oder — in anderer Fassung: Zieht man an alle Kegelschnitte, die die Hauptachse (Nebenachse) gemeinsam haben, von einem Punkte dieser Achse die Tangenten, so liegen die Berührungspunkte auf einer Geraden.

8) Zieht man an alle Parabeln, die den Scheitel und die Achse gemeinsam haben und sich nach derselben Seite öffnen, von einem Punkt der Achse die Tangenten, so liegen die Berührungspunkte auf einer Geraden.

9) Die Strecke einer Kegelschnittstangente zwischen ihrem Berührungspunkt und der Hauptachse wird durch den Hauptkreis harmonisch geteilt. (Wie heißt dieser Satz für die Parabel?)

10) Jede Brennpunktssehne wird durch Leitlinie und Brennpunkt harmonisch geteilt.

11) Die Tangenten in den Endpunkten einer Brennpunktssehne schneiden sich auf der Leitlinie.

12) Zieht man von einem Punkt der Leitlinie die Tangenten an einen Kegelschnitt, so geht die Berührungssehne durch den zugehörigen Brennpunkt.

§ 93. Übungssätze. (3 Tangenten).

1) In jedem Tangentendreieck eines Kegelschnitts liegen die Schnittpunkte je einer Seite mit der Berührungssehne der beiden andern in einer geraden Linie.

Anleitung. Die Schnittpunkte sind Pole von Geraden, die sich nach dem Brianchonschen Satze in einem Punkt schneiden.

2) In jedem Tangentendreieck eines Kegelschnitts sind die Produkte aus je drei Abschnitten ohne gemeinschaftlichen Endpunkt einander gleich. (Brianchon, Ceva.)

3) Ist eine Tangente der Berührungssehne zweier andern parallel, so wird das von den letzteren begrenzte Stück der ersteren durch den Berührungspunkt halbiert (§ 11).

4) Das von den Asymptoten begrenzte Stück einer jeden Hyperbeltangente wird durch den Berührungspunkt halbiert.

5) Ist eine Tangente der Berührungssehne zweier andern parallel, so ist die Verbindungslinie des Schnittpunktes der letzteren mit dem Berührungspunkt der ersteren ein Durchmesser des Kegelschnitts (der die Berührungssehne halbiert, vgl. § 92,2).

6) Ist eine Parabeltangente der Berührungssehne zweier andern parallel, so halbiert sie die letzteren Tangenten und ist halb so groß als die Berührungssehne.

7) Das von zwei Tangenten einer Parabel und ihrer Berührungssehne gebildete Dreieck ist viermal so groß als das Dreieck, das von der zur Berührungssehne parallelen Tangente abgeschnitten wird.

8) Läuft eine Parabeltangente der Berührungssehne zweier andern parallel, so ist das von den drei Tangenten gebildete Dreieck halb so groß als das Dreieck der Berührungssehnen.

Anleitung. Man ziehe durch den Schnittpunkt der beiden andern Tangenten den Durchmesser und benutze die Übungssätze 5, 3 und 6.

9) Jedes Parabelsegment ist $\frac{4}{3}$ des Dreiecks, das aus der Sehne des Segments und den Tangenten in ihren Endpunkten gebildet ist.

Anleitung. Durch wiederholte Anwendnng des vorhergehenden Übungssatzes läßt sich zeigen, daß der außerhalb der Parabel liegende Teil des Dreiecks zwischen Tangenten und Berührungssehne halb so groß ist als das Parabelsegment selbst.

10) Übungssatz 8 für drei beliebige Tangenten nachzuweisen.

Anleitung. Man betrachte das Dreieck der Berührungssehnen als Differenz von Parabelsegmenten und drücke letztere nach 9) aus.

§ 94. Aufgaben zum Pascalschen Satz.

1) Gegeben 5 Punkte eines Kegelschnitts; einen sechsten Punkt zu finden.

Anleitung. Man ziehe durch einen der gegebenen Punkte eine Gerade und suche darauf die fehlende Ecke des Pascalschen Sechsecks. — Bei dieser Aufgabe und den folgenden kann es vorkommen, daß Linien nach unzugänglichen Schnittpunkten zu ziehen sind; man berücksichtige dann § 6,3 oder § 10,4.

2) Gegeben 5 Punkte eines Kegelschnitts; in einem der gegebenen Punkte die Tangente zu ziehen.

Anleitung. Man betrachte die gegebenen Punkte als Ecken eines Pascalschen Fünfecks und den ausgewählten Punkt als unendlich kleine Seite (des Sechsecks).

3) Gegeben 4 Punkte eines Kegelschnitts und die Tangente in einem derselben; einen fünften Punkt zu finden.

4) Gegeben wie vorhin; die Tangenten in den übrigen Punkten zu ziehen.

5) Gegeben 3 Punkte eines Kegelschnitts und die Tangenten in zwei derselben; einen vierten Punkt zu bestimmen.

6) Gegeben wie vorhin; die Tangente in dem dritten Punkt zu ziehen.

§ 95. Aufgaben zum Brianchonschen Satz.

1) Gegeben 5 Tangenten eines Kegelschnitts; eine sechste Tangente zu bestimmen.

Anleitung. Man wähle auf einer der gegebenen Tangenten einen Punkt aus und suche auf der benachbarten Tangente die fehlende Ecke des Brianchonschen Sechsecks.

2) Gegeben wie vorhin; die Berührungspunkte zu bestimmen.

3) Gegeben 4 Tangenten eines Kegelschnitts und auf einer von ihnen der Berührungspunkt; eine fünfte Tangente zu bestimmen.

4) Gegeben wie vorhin; die übrigen Berührungspunkte zu bestimmen.

5) Gegeben 3 Tangenten eines Kegelschnitts und auf zwei von ihnen die Berührungspunkte; eine vierte Tangente zu bestimmen.

6) Gegeben wie vorhin; den fehlenden Berührungspunkt zu bestimmen.

III. Besondere Eigenschaften der Kegelschnitte.

§ 96. Um weitere Eigenschaften der Kegelschnitte zu erkennen, denken wir uns in den Figuren 67—69 den ganzen Kegel mit der Schnittebene, die bisher senkrecht zur Zeichenfläche stand, um die Kegelachse, und zwar um 45° nach dem Beschauer hin gedreht, wodurch die Kegelschnittslinien (Fig. 70—72, Taf. VI u. VII) deutlicher sichtbar werden. Die Punkte S, C, D, C', D' behalten alsdann ihre Bedeutung. SCD ist also auch hier der Achsenschnitt des Kegels, der auf der Schnittebene senkrecht steht; er bildet jetzt mit dem in der Zeichenebene liegenden Achsenschnitt SAB einen Winkel von 45°. Die Projektionsachse heiße auch hier P.

Anleitung zur Zeichnung der Figuren 70—72:

Der Kegel selbst wird der Aufgabe 10 in § 38 entsprechend gezeichnet. Für die Zeichnung des Achsenschnitts SCD (bei der Parabel SOD) ist alsdann der Punkt C zu bestimmen. C ergibt sich aber aus dem Grundriß, wenn man berücksichtigt, daß die von C auf AB gefällte Senkrechte auf dieser Geraden ein Stück abschneidet, das bei der gewählten Projektionsart seine Größe beibehält, während die Senkrechte selbst auf die Hälfte verkürzt erscheint. Nunmehr kann bei der Ellipse der Punkt c auf der Verlängerung von DC, in dem die Schnittebene CD schneiden soll, beliebig gewählt werden, ebenso die Richtung von $cC'D'$. Die Projektionsachse P läuft alsdann parallel zu der Geraden, die den Punkt A mit dem vordersten Punkt des Grundkreises verbindet. $SI \parallel D'C'$ liefert den Punkt I, und V ∥ P ist die Verschwindungslinie.

Eine beliebige Anzahl von Punkten der Schnittlinie kann man in der Weise erhalten, daß man einen Punkt des Grundkreises als Schnittpunkt dieses Kreises mit dem zugehörigen Radius auffaßt.

Der Bildpunkt ergibt sich demnach, indem man die Mantellinie des gewählten Punktes zieht und den Radius abbildet. Letzteres geschieht aber dadurch, daß man ihn bis zur Projektionsachse verlängert und den erhaltenen Schnittpunkt mit dem zu dem Mittelpunkt des Grundkreises gehörenden Bildpunkt verbindet. Ist der Schnitt mit der Projektionsachse in der zur Verfügung stehenden Zeichenfläche nicht zu erreichen, so kann man auch den abzubildenden Punkt mit irgend einem andern Punkt des Grundkreises, den man schon abgebildet hat, verbinden (vorausgesetzt, daß diese Verbindungslinie die Projektionsachse trifft) und im übrigen gerade so verfahren. Entsprechend ist bei der Hyperbel zu verfahren. Bei der Parabel ist der Achsenschnitt SOD in derselben Weise zu zeichnen; alsdann wird D' ebendort angenommen, wo er bei der Ellipse auf SD liegt, und $D'd \parallel SO$ gezogen.

§ 97. In Fig. 70, Taf. VI legen wir durch das Projektionszentrum S die zur Bildebene parallele Ebene, die die Ebene des Grundkreises in der zu P parallelen Geraden V schneidet. Diese Gerade ist die Verschwindungslinie der Grundkreisebene, denn alle Punkte dieser Geraden bilden sich, da ihre Projektionsstrahlen zur Bildebene parallel laufen, auf dieser im Unendlichen ab. Wir bestimmen alsdann den Pol O der Verschwindungslinie auf folgende Weise. Der (zur Schnittebene senkrechte) Achsenschnitt SCD schneide die Verschwindungslinie in I, so daß ID die auf V senkrechte Zentrale des Grundkreises darstellt. Daher liegt der Pol O der Linie V auf dieser Zentrale und außerdem auf der Polare GH des Punktes I, die man mittels der Sekanten ICD und $I\alpha\beta$ sowie der Punkte γ und δ gemäß § 9 erhält. Bilden wir dann G, H und O auf der Bildebene in den Punkten G', H' und O' ab, so erkennen wir zunächst O' als den Mittelpunkt der Ellipse. Dreht man nämlich in der Grundkreisebene die Gerade ID um O, etwa in die Lage EN, so dreht sich die Bildgerade um O', und da I, O, C, D und E, O, M, N harmonische Punkte sind, so müssen auch deren Bildpunkte harmonische Punkte sein. Nun liegt aber das Bild von I wie das von E im Unendlichen, also ist nicht nur $O'C' = O'D'$, sondern auch $O'M' = O'N'$ und überhaupt O' der Mittelpunkt der Ellipse, d. h. der Punkt, der alle durch ihn gehenden Sehnen halbiert.

§ 98. Dreht sich ferner die Gerade EN um den Punkt E der Verschwindungslinie, etwa in die Lage von ET, so müssen die betreffenden Bildgeraden parallel laufen, da sie den Bildpunkt von E, also einen Punkt im Unendlichen, gemein haben, d. h. $M'N'$ verschiebt sich parallel mit sich selbst. UW, die Polare von E in der Grundkreisebene (zu zeichnen mit Hülfe des Punktes ε) geht aber durch O (weshalb?) und trifft den Grundkreis in den Punkten U und W, in denen er auch von den von E aus gezogenen Tangenten berührt wird. Da nun jede durch E gehende Sehne des Kreises durch den Punkt E selbst und seine Polare harmonisch geteilt wird, so sind beispielsweise E, O, M, N und E, Q, R, T harmonische Punkte. Von den zugehörigen Bildpunkten liegt aber der von E im Unendlichen; es muß daher $O'M' = O'N'$ (wie schon oben bewiesen) und $Q'R' = Q'T'$ sein, oder $U'W'$, das Bild der Polaren UW, halbiert alle zu $M'N'$ parallelen Sehnen. Es ergibt sich also der Satz:

Die Mittelpunkte paralleler Sehnen einer Ellipse liegen auf einem Durchmesser.

Die zu EU und EW gehörenden Bildtangenten in U' und W' sind nach dem Gesagten unter sich und zu den betrachteten Sehnen parallel; wir können also die Sätze hinzufügen:

Die Tangenten in den Endpunkten eines Ellipsendurchmessers sind zueinander parallel; und

der durch den Berührungspunkt einer Ellipsentangente gezogene Durchmesser halbiert die zu der Tangente parallelen Sehnen.

§ 99. Denkt man sich ferner WU bis zum Schnitt mit der Verschwindungslinie V verlängert, der E_1 heißen möge, so ist ebenso wie UW die Polare von E nun auch MN die Polare von E_1 (weshalb?). Es lassen sich also die für E und UW angestellten Betrachtungen ohne weiteres auf E_1 und MN übertragen, d. h. die zu $U'W'$ parallelen Sehnen werden von dem Durchmesser $M'N'$ halbiert, demselben Durchmesser, der zu den von $U'W'$ halbierten Sehnen parallel läuft. Es ergibt sich also der Satz:

Halbiert ein Durchmesser eine Schar paralleler Sehnen einer Ellipse, so halbiert der diesen Sehnen parallele Durchmesser diejenigen Sehnen, die dem andern Durchmesser parallel sind.

Durchmesser der Ellipse, von denen jeder die zu dem andern parallelen Sehnen halbiert, heißen konjugierte oder zugeordnete Durchmesser.

Bei Benutzung dieser Bezeichnung können wir sagen:

Jeder Durchmesser der Ellipse ist den Tangenten in den Endpunkten des zugeordneten Durchmessers parallel.

§ 100. Auch bei der Parabel in Fig. 71 Taf. VI suchen wir die Verschwindungslinie V auf, die hier den Grundkreis berührt, und zwar in O, ihrem eigenen Pol. Da das Bild von O im Unendlichen liegt, so ist der Mittelpunkt O' der Parabel selbst ins Unendliche gerückt und die Durchmesser der Parabel, wie z. B. dD' und cU', die als Bilder den Sehnen OD und OU entsprechen, laufen parallel. Von ihnen ist dD' als im Achsenschnitt SOD liegend die Achse der Parabel.

Nehmen wir auch diesmal auf der Verschwindungslinie einen beliebigen Punkt E an und drehen die Sekante EMN um E beispielsweise in die Lage ERT, so verschiebt sich die zugehörige Bildsehne $M'N'$ parallel mit sich selbst in die Lage $R'T'$, da der Bildpunkt von E im Unendlichen liegt. Die Polare von E kann mit Hülfe des Punktes α konstruiert werden, da sie andererseits auch durch O gehen muß (weshalb?). Alle durch E gehenden Kreissehnen werden durch E und dessen Polare OU harmonisch geteilt; also müssen auch die zu $M'N'$ parallelen Parabelsehnen durch das Bild von OU, d. h. cU' und den Bildpunkt von E harmonisch geteilt werden. Da letzterer aber im Unendlichen liegt, so werden die zu $M'N'$ parallelen Sehnen von cU' halbiert, und wir erhalten den Satz:

Die Mittelpunkte paralleler Sehnen einer Parabel liegen auf einem Durchmesser (d. h. auf einer zur Achse parallelen Geraden).

Da ferner die Tangente EU sich wieder als Tangente in U' abbildet und letztere den betrachteten Parabelsehnen parallel läuft, so ergibt sich:

Der durch den Berührungspunkt einer Parabeltangente gezogene Durchmesser halbiert die zu der Tangente parallelen Sehnen.

Der zu dem Durchmesser cU' zugeordnete Durchmesser (im Sinne des § 99) liegt mit dem Mittelpunkt der Parabel im Unendlichen; es hat also hier nur Sinn, den Durchmesser den Sehnen zugeordnet zu nennen, die von ihm halbiert werden.

§ 101. Bei der Hyperbel in Fig. 72, Taf. VII fällt die Verschwindungslinie als Sekante in den Grundkreis selbst hinein, und ihr Pol O, der mit Hülfe der Sekanten $\alpha\delta$ und $\alpha\gamma$ und der Punkte η und ζ nach der Weise des § 10,3 (weshalb liegt er außerdem auf der Verlängerung von CD?) gezeichnet werden kann, außerhalb des Kreises. O und O' haben für die Hyperbel die gleiche Bedeutung wie für die Ellipse, wie sich in derselben Weise zeigen läßt; und ebenso läßt sich mit Hülfe der von E auf der Verschwindungslinie ausgehenden Sekanten und Tangenten die Gültigkeit der im § 98 enthaltenen Sätze auch für die Hyperbel nachweisen.

Der Schnittpunkt E_1 der Geraden UW mit der Verschwindungslinie ist diesmal in der Zeichnung selbst zu sehen; und ebenso wie UW die Polare von E, so ist EO die Polare von E_1. Denken wir uns nun UW um E_1 gedreht, so erhalten wir eine zu cU' parallele Schar von Sehnen, die aber diesmal von einem Hyperbelast zum andern laufen und von der zu EO gehörenden Bildgeraden halbiert werden. Diese Bildgerade geht durch O', läuft zu $M'N'$ parallel und trifft die Hyperbel ebensowenig, wie die Urgerade EO den Grundkreis. Nennen wir sie aber gleichwohl einen Durchmesser der Hyperbel (imaginären Durchmesser zum Unterschiede von den reellen Durchmessern, die die Hyperbeläste treffen), so bleiben die Sätze des § 99 auch für die Hyperbel bestehen. (Der erwähnte imaginäre Durchmesser der Hyperbel ist leicht zu zeichnen, wenn man OE bis zum Schnitt mit der Projektionsachse verlängert und den Schnittpunkt mit O' verbindet.)

Unter den imaginären Durchmessern der Hyperbel wird der auf der Hyperbelachse senkrechte die (imaginäre) kleine Achse genannt. (Man kann ihn in der Zeichnung erhalten, wenn man zu CD den Pol X auf V bestimmt und die zu XO gehörende Bildgerade zeichnet.)

§ 102. Unter den Tangenten der Hyperbel spielen noch diejenigen eine besondere Rolle, die als Bilder den Tangenten $O\delta$ und und $O\varepsilon$ entsprechen. Da sich O in O', δ und ε als Punkte der Verschwindungslinie aber im Unendlichen abbilden, so sind es die durch den Mittelpunkt gehenden Tangenten der Hyperbel, die sie im Unendlichen berühren, d. h. die Asymptoten. (Man erhält sie in der Zeichnung, wenn man $O\delta$ und $O\varepsilon$ bis zum Schnitt mit der Projektionsachse verlängert und die Schnittpunkte e und f mit O' verbindet.) Die Asymptoten bilden offenbar die Grenze zwischen den reellen und imaginären Durchmessern.

Die Tangente in U' schneide die Asymptoten in den Punkten 1 und 2, die Sehne $M'N'$ treffe sie in den Punkten 5 und 6. Nun entspricht dem Tangentenabschnitt 1—2 das Stück der Tangente in U, das zwischen den (verlängert gedachten) Tangenten Oe und Of liegt. Dieses Stück wird aber durch U und E harmonisch geteilt (weshalb?). Also muß auch die Strecke 1—2 durch U' und den Bildpunkt von E harmonisch geteilt werden. Da aber letzterer im Unendlichen liegt, so muß $1U' = U'2$ sein, d. h.

Das zwischen den Asymptoten liegende Stück einer Hyperbeltangente wird durch den Berührungspunkt halbiert.

Ähnliches gilt von der Strecke 5—6, die als Bild der Sekante MN entspricht, soweit sie zwischen den Tangenten Oe und Of liegt. Auch hier wird die letztgenannte Strecke durch E und K harmonisch geteilt (weshalb?); daher ist $K'5 = K'6$, und da zugleich $K'M' = K'N'$ ist, so ergibt sich $M'5 = N'6$, oder:

Die zwischen der Hyperbel und den Asymptoten liegenden Stücke einer Sekante sind gleich lang.

Die in den Endpunkten eines (reellen) Durchmessers an die Hyperbel gelegten Tangenten, wie 1—2 und 3—4, sind daher nicht nur einander parallel, sondern auch gleich groß, soweit sie zwischen den Asymptoten liegen, wie sich durch Kongruenz leicht zeigen läßt, und wenn man 1 mit 4 und 2 mit 3 verbindet, so erhält man ein Parallelogramm, dessen Seiten 1—4 und 2—3 auf dem zu den Tangenten parallelen (imaginären) Durchmesser eine den Tangentenabschnitten gleiche Strecke abschneiden. Diese Strecke pflegt man als die Länge des betreffenden imaginären Durchmessers anzusehen. Die Länge der (imaginären) kleinen Achse der Hyperbel wäre danach gleich der Länge der zwischen den Asymptoten liegenden Abschnitte der Scheiteltangenten.

§ 103. Übungssätze.

1) Die Polare eines Punktes ist dem durch diesen Punkt gehenden Durchmesser zugeordnet.

2) Die Tangenten in den Endpunkten einer Sehne schneiden sich auf dem zugeordneten Durchmesser.

3) Der Pol einer Sehne liegt auf dem zugeordneten Durchmesser.

4) Der Pol eines Durchmessers liegt auf dem zugeordneten Durchmesser im Unendlichen.

5) Zwei Tangenten eines Kegelschnitts bilden mit der durch ihren Schnittpunkt gehenden Parallelen zur Berührungssehne und dem von ihm ausgehenden Durchmesser ein harmonisches Strahlenbüschel.

6) Die Asymptoten einer Hyperbel bilden mit zwei zugeordneten Durchmessern ein harmonisches Strahlenbüschel.

7) Jede Asymptote der Hyperbel ist sich selbst zugeordnet.

§ 104. Übungsaufgaben.

1) Zu einer gegebenen Ellipse sollen Mittelpunkt und Achse gezeichnet werden.

Anleitung. Der Mittelpunkt ergibt sich mit Hülfe paralleler Sehnen, und durch einen Kreis um den Mittelpunkt erhält man vier zu der Achse paarweise symmetrische Punkte.

2) Zu einer gegebenen Parabel Achse und Brennpunkt zu zeichnen.

Anleitung. Parallele Sehnen liefern einen Durchmesser, zu diesem senkrechte Sehnen die Achse.

3) Zu einer gegebenen Hyperbel Mittelpunkt und Achse zu zeichnen (vgl. 1).

4) Von einer Hyperbel sind die Asymptoten und ein Punkt der Kurve gegeben; beliebig viele andere Punkte der Kurve zu zeichnen.

D. Die Kegelschnitte als Erzeugnisse projektiver Gebilde.

§ 105. Bei der Zentralprojektion bleibt, wie in § 50 gezeigt worden ist, die harmonische Teilung einer Strecke erhalten. Wenn also vier Punkte A, B, C, D auf einer Geraden so liegen (Fig. 2), daß die Proportion $CA:CB=DA:DB$ besteht, so gilt die entsprechende Proportion auch für die Bildpunkte. Ebenso geht aus einem harmonischen Strahlenbüschel durch Zentralprojektion wieder ein ebensolches hervor.

Es liegt nahe, die Frage aufzuwerfen, welche Beziehung zwischen den gegenseitigen Abständen von vier Punkten einer Geraden denn erhalten bleibt, wenn diese Punkte eine beliebige Lage haben, oder welche Beziehung zwischen den Winkeln eines beliebigen ebenen Strahlenbüschels, und es läßt sich leicht zeigen, daß alsdann im ersten Falle weder das Verhältnis $CA:CB$ noch das Verhältnis $DA:DB$ erhalten bleibt, wohl aber das Verhältnis dieser beiden Verhältnisse $\frac{CA}{CB}:\frac{DA}{DB}$, das man als das Doppelverhältnis der vier Punkte bezeichnet.

Um dies zu beweisen, lege man (Fig. 73) durch die vier gegebenen Punkte einer Geraden von einem beliebigen Punkte S aus ein Strahlenbüschel und fälle von A und B auf SC und SD die Lote AE, BF, AG und BH. Dann ist

$$CA:CB=AE:BF \text{ und } DA:DB=AG:BH, \text{ also}$$

$$\frac{CA}{CB}:\frac{DA}{DB}=\frac{AE}{BF}:\frac{AG}{BH}=\frac{SA\,.\sin CSA}{SB\,.\sin CSB}:\frac{SA\,.\sin DSA}{SB\,.\sin DSB}$$

$$=\frac{\sin CSA}{\sin CSB}:\frac{\sin DSA}{\sin DSB}.$$

Das Doppelverhältnis der vier Punkte ist also gleich einem auf entsprechende Weise gebildeten Doppelverhältnis zwischen den Sinus der Winkel des Strahlenbüschels.

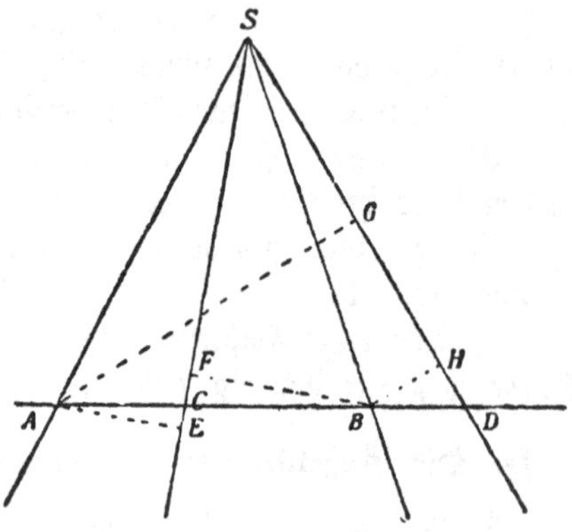

Fig. 73.

Hieraus folgt aber zweierlei:

1) Hält man die Punkte A, B, C, D fest, läßt aber den Strahlpunkt S wandern, so bleibt das Doppelverhältnis des Strahlenbüschels dasselbe, da es stets gleich dem unveränderten Doppelverhältnis der Punktreihe ist.

2) Hält man das Strahlenbüschel fest und ändert die Lage der schneidenden Geraden, so behalten die Schnittpunkte dasselbe Doppelverhältnis, da es stets gleich dem unveränderten Doppelverhältnis des Strahlenbüschels bleibt.

In kürzerer Fassung:

1) Zwei Strahlenbüschel, deren Strahlen durch dieselben vier Punkte einer Geraden gehen haben, gleiches Doppelverhältnis.

2) Zwei Punktreihen, die auf den Strahlen desselben ebenen Strahlenbüschels liegen, haben gleiches Doppelverhältnis.

Aus diesen Sätzen folgt ohne weiteres, daß bei der Zentralprojektion das Doppelverhältnis einer Punktreihe wie das eines Strahlenbüschels erhalten bleibt.

§ 106. Verbindet man zwei beliebige Punkte (A und B) eines Kreises (Fig. 74) mit vier andern ebenso beliebigen Punkten desselben

(C, D, E, F), so ist: $\sphericalangle CAD = \sphericalangle CBD$, $\sphericalangle DAE = \sphericalangle DBE$, $\sphericalangle EAF = \sphericalangle EBF$, d. h. die von A und B ausgehenden Strahlenbüschel sind kongruent. Unter den von A und B ausgehenden Strahlen können auch die Tangenten AG und BH sowie AB selbst vorkommen. Dabei entspricht die Tangente AG dem Strahl BA und der Strahl AB der Tangente BH, wie eine einfache Überlegung zeigt.

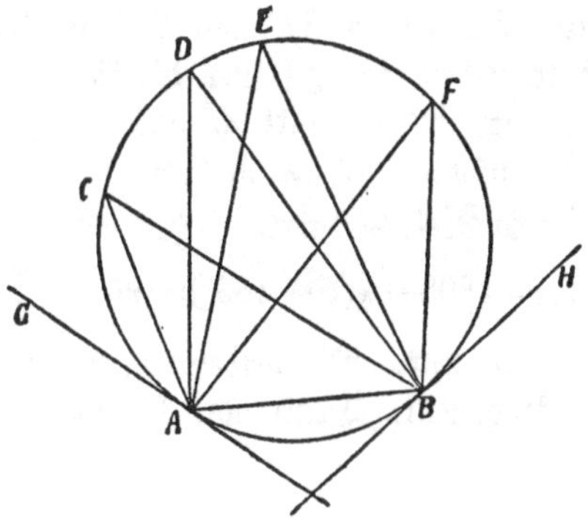

Fig. 74.

Die von zwei beliebigen Punkten eines Kreises nach den selben vier Punkten des Umfanges gezogenen Strahlenbüschel sind also kongruent und haben daher auch dasselbe Doppelverhältnis. Man pflegt dies auch so auszudrücken: Vier Punkte eines Kreises haben ein festes Doppelverhältnis, insofern sie nämlich mit jedem andern Punkt des Umfangs ein Strahlenbüschel von unabänderlichem Doppelverhältnis bilden.

Bildet man nun die Figur in Zentralprojektion ab, so erhält man als Bild des Kreises einen Kegelschnitt mit den Punkten C', D', E', F', A' und B'. Die von den Punkten A' und B' nach den übrigen gezogenen Strahlbüschel sind zwar (im allgemeinen) nicht mehr kongruent, haben aber noch gleiches Doppelverhältnis, da die neuen Doppelverhältnisse gleich den alten sind. Also haben auch vier Punkte eines Kegelschnitts in Beziehung auf jeden fünften ein ganz bestimmtes, unabänderliches Doppelverhältnis. Ist daher ein fünfter Punkt des Kegelschnitts gegeben, so ist das Doppelverhältnis und damit jeder andre Punkt des Kegelschnitts bestimmt. Es erhellt hieraus, weshalb gerade fünf Punkte einen Kegelschnitt bestimmen. Statt der fünf Punkte genügen auch vier und die Tangente in einem derselben, da der Berührungspunkt ja zwei zusammenfallende Punkte darstellt, oder drei Punkte und die Tangenten in zweien von ihnen.

Hieraus ergibt sich eine einfache Zeichnung eines Kegelschnitts. Man lege durch beliebig viele Punkte einer Geraden zwei Strahlenbüschel, bringe die Büschel alsdann ohne Gestaltänderung in eine beliebige Lage und bestimme die Durchschnittspunkte entsprechender

Strahlen. Diese Punkte bilden einen Kegelschnitt, der außerdem durch die Scheitelpunkte der Büschel hindurchgeht.

§ 107. Legt man an einen Kreis (Fig. 75) in vier beliebigen Punkten die Tangenten, die die beiden festen, von S ausgehenden, den Kreis in G und H berührenden Tangenten SE und SF in A_1, B_1, C_1, D_1 bzw. A_2, B_2, C_2, D_2 schneiden, so erscheinen die Strecken A_1A_2, B_1B_2, C_1C_2, und D_1D_2 vom Mittelpunkt M aus gesehen unter demselben Winkel. Es ist nämlich $\sphericalangle A_1MA_2 = 180° - (\sphericalangle A_1A_2M + \sphericalangle A_2A_1M) = 180° - \frac{1}{2}(\sphericalangle A_1A_2F + \sphericalangle A_2A_1E) = 180° - \frac{1}{2}(\alpha + \sphericalangle SA_1A_2 + \sphericalangle A_2A_1E) = 180° - \frac{1}{2}(\alpha + 180°) = 90° - \frac{\alpha}{2}$.

Eben so groß sind die Winkel B_1MB_2 usw. Die beiden von M ausgehenden Strahlenbüschel sind also kongruent. Denkt man sie sich mit den entsprechenden Strahlen aufeinandergelegt, so wird ein einziges daraus, das von der Geraden SE in den Punkten A_1, B_1, C_1, D_1 und gleichzeitig von der Geraden SF in den Punkten A_2, B_2, C_2, D_2 geschnitten wird. Demnach haben diese beiden Punktreihen dasselbe Doppelverhältnis, und es ergibt sich der Satz:

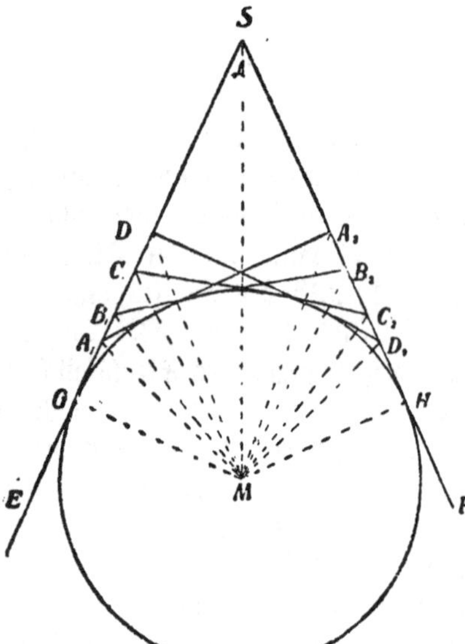

Fig. 75.

Vier beliebige Tangenten eines Kreises schneiden zwei feste Tangenten desselben in je vier Punkten, die in dem Doppelverhältnis übereinstimmen.

Auch die Tangenten SG und SH selbst erscheinen von M aus gesehen unter dem Winkel $90° - \frac{\alpha}{2}$. Auch MG und MH gehören daher zu den Strahlen der von M ausgehenden Büschel, ebenso wie MS, und zwar entspricht dem Strahl MG in dem einen Büschel der Strahl MS in dem andern und entsprechend dem Strahl MS der Strahl MH. Hält man die vier Tangenten fest sowie SE, bewegt aber SF als Tangente, so bleibt das Doppelverhältnis der vier Punkte, in denen SF von den vier Tangenten geschnitten wird, stets dasselbe, da es immer gleich dem unveränderten Doppelverhältnis der vier Punkte auf SE ist. Man pflegt daher auch zu sagen: Vier feste Tangenten eines Kreises haben ein unabänderliches Doppelverhältnis, insofern sie nämlich jede fünfte Tangente in einer Punktreihe von stets gleichem Doppelverhältnis schneiden.

Bildet man nun die ganze Figur in Zentralprojektion ab, so bleiben die Tangenten als solche erhalten und umhüllen den als Bild des Kreises sich ergebenden Kegelschnitt. Auch die Doppelverhältnisse bleiben erhalten, und es ergibt sich: Vier Tangenten eines Kegelschnitts schneiden jede beliebige fünfte Tangente in einem festen Doppelverhältnis. Ist eine fünfte Tangente gegeben, so ist damit das Doppelverhältnis bekannt und der Kegelschnitt bestimmt. Es erklärt sich hieraus, weshalb fünf Tangenten zur Bestimmung eines Kegelschnitts notwendig und hinreichend sind. Sind vier Tangenten und der Berührungspunkt auf einer derselben gegeben, so ist gleichfalls das Doppelverhältnis bestimmt, da der Berührungspunkt selbst einer der vier Punkte ist, ebenso durch drei Tangenten und die Berührungspunkte auf zweien von ihnen.

Auch hieraus ergibt sich eine einfache Zeichnung eines Kegelschnitts: Man schneide ein aus beliebig vielen Strahlen bestehendes Strahlenbüschel durch zwei Gerade, bringe alsdann diese ohne Veränderung der gegenseitigen Lage der Schnittpunkte in eine beliebige Lage und verbinde die entsprechenden Punkte miteinander. Die Verbindungslinien umhüllen dann einen Kegelschnitt, der die beiden Geraden ebenfalls zu Tangenten hat.

§ 108. Schlußbetrachtung: Die Untersuchung der Kegelschnitte hat bisher den folgenden Gang innegehalten:

1) In den §§ 55—71 sind Ellipse, Parabel und Hyperbel als geometrische Örter eingeführt und ihre Brennpunktseigenschaften nachgewiesen worden.

2) Die ebenen Schnitte eines Umdrehungskegels — denn darauf, daß die Grundfläche gerade ein Kreis ist, kommt es nicht an, wie leicht einzusehen ist — sind Kurven der vorher erwähnten Art. Umgekehrt lassen sich diese Kurven stets auf Umdrehungskegel legen, sie sind also mit den ebenen Schnitten eines solchen Kegels völlig identisch und nehmen daher auch an den in den §§ 88—104 entwickelten Mittelpunktseigenschaften teil.

3) In den letztgenannten Paragraphen braucht aber der Kegel kein Umdrehungskegel zu sein; die dort nachgewiesenen Sätze bleiben auch dann gültig, wenn es sich um Schnitte von schiefen Kreiskegeln, also um beliebige Zentralprojektionen des Kreises handelt. Dasselbe gilt von den Darlegungen dieses letzten Abschnitts.

Die ebenen Schnitte schiefer Kreiskegel sowie die aus projektiven Gebilden darstellbaren krummen Linien teilen also mit den Ellipse, Parabel und Hyperbel genannten Kurven ohne Zweifel die Mittelpunktseigenschaften, und es ist die Frage, ob sie auch die Brennpunktseigenschaften mit ihnen gemein haben, also völlig mit ihnen identisch sind. Der Nachweis ist nicht einfach genug, um hier geführt werden zu können; es muß genügen, seine Notwendigkeit erkannt zu haben. Ist er einmal geführt, so ist unschwer zu zeigen, daß auch die Schnitte von Kegeln (oder Zylindern) mit elliptischer, parabolischer oder hyperbolischer Leitlinie wiederum Ellipsen, Parabeln und Hyperbeln liefern.

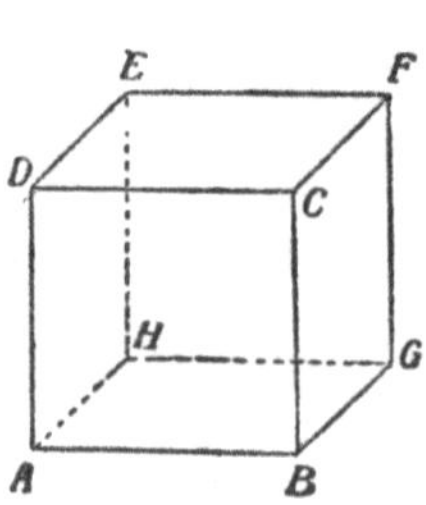

Fig. 27.

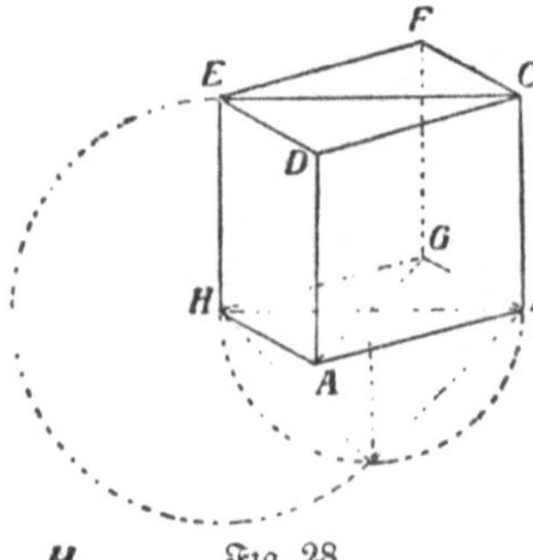

Fig. 28.

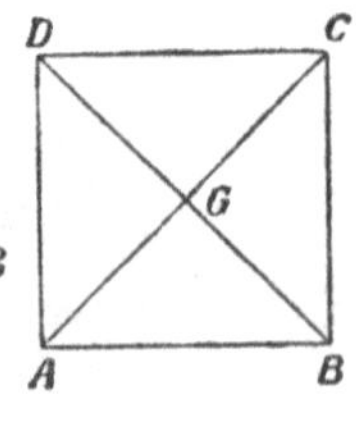

Fig. 29 a.

Fig. 2

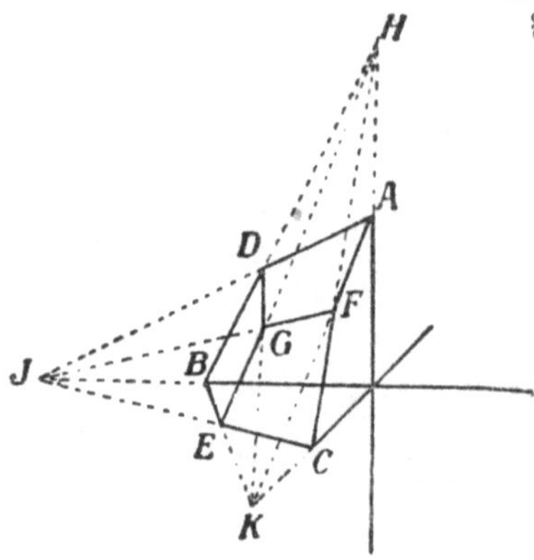

Fig. 32.

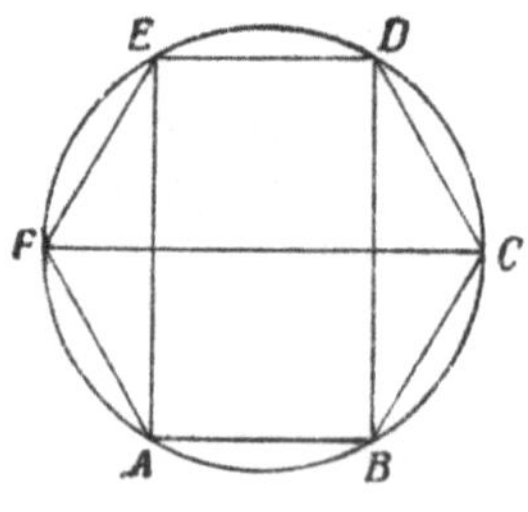

Fig. 33 a.

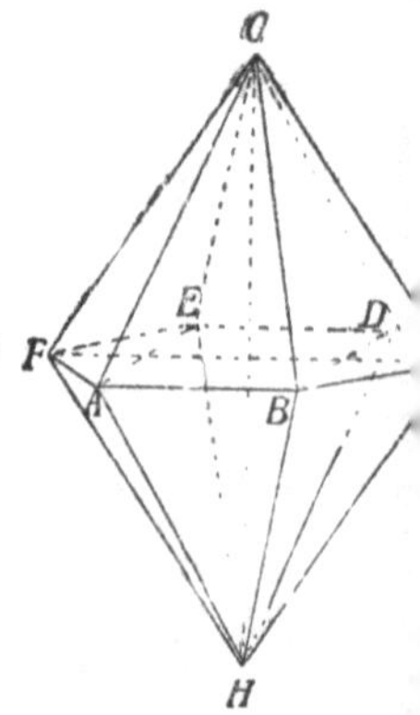

Fig. 33 b.

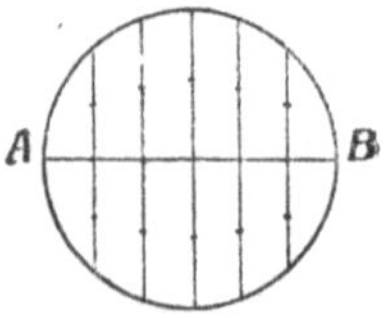

Fig. 35 a.

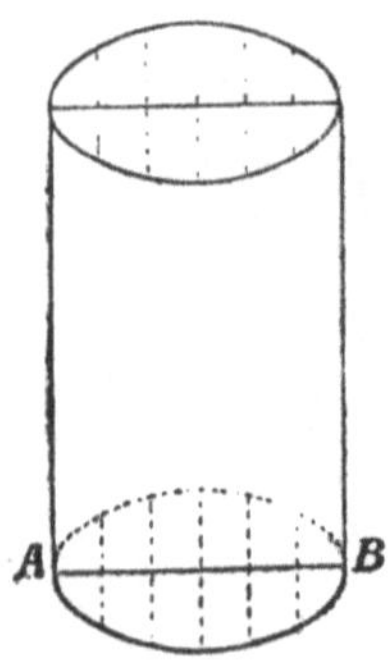

Fig. 35 b.

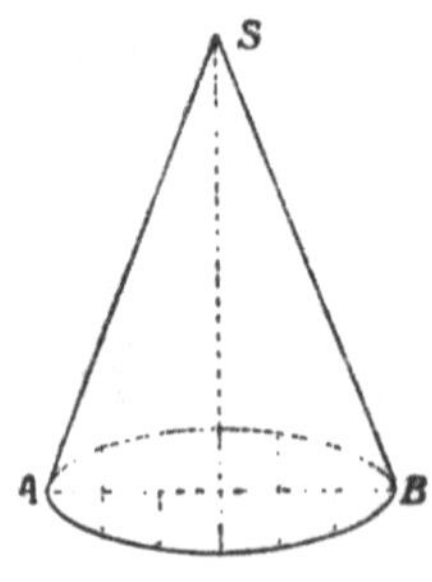

Fig. 36 b.

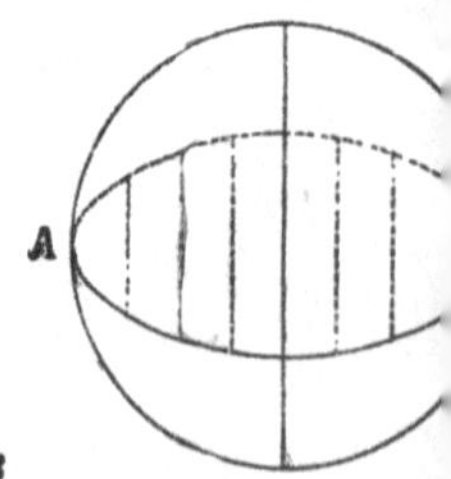

Fig. 37.

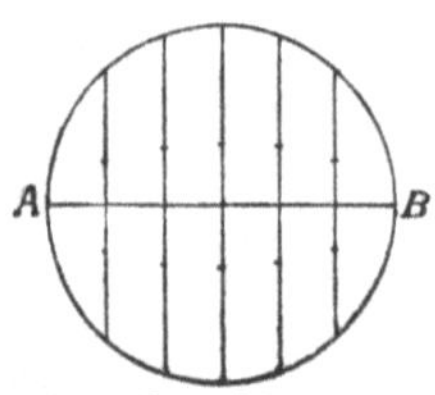

Fig. 36 a.

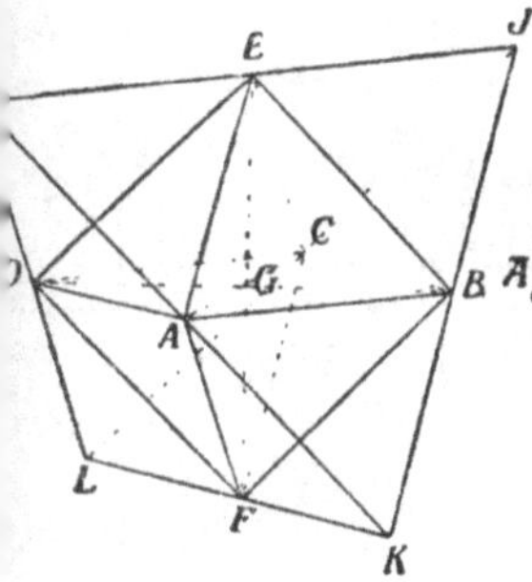

Fig. 30.

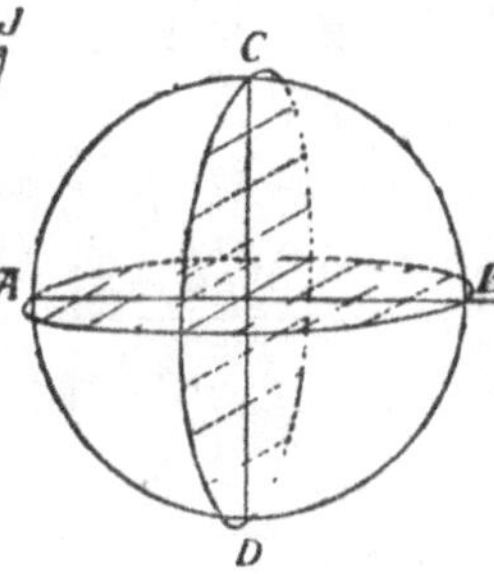

Fig. 38 b.

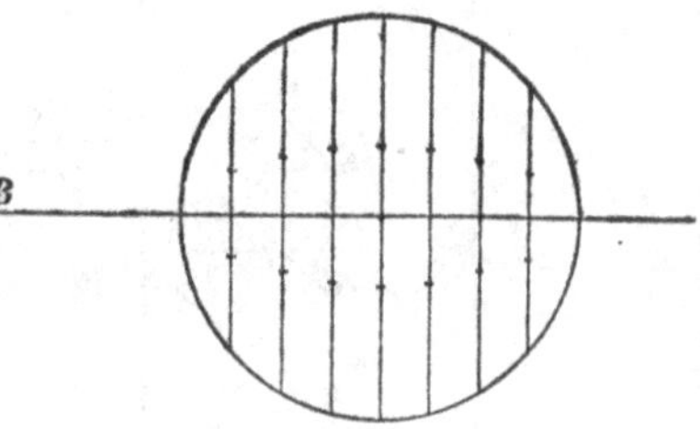

Fig 38 a.

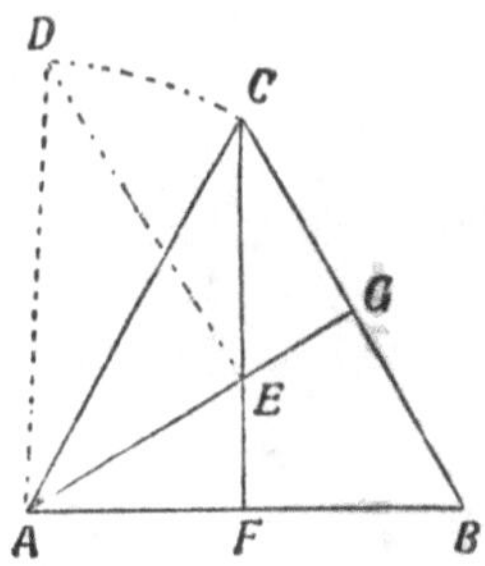

Fig. 31 a.

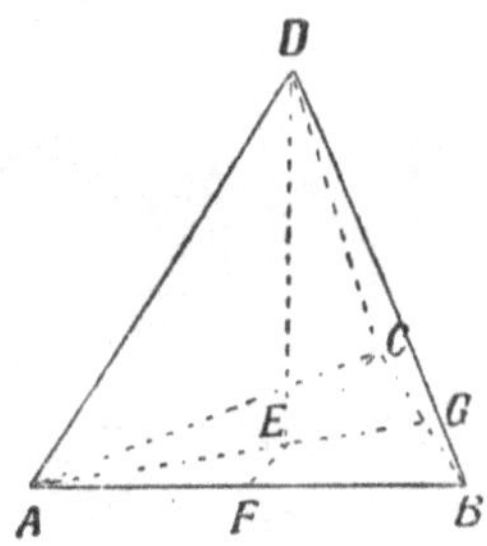

Fig. 31 b.

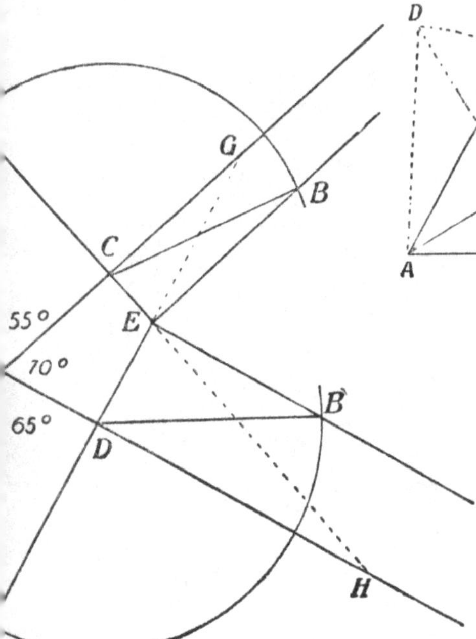

Fig. 34 a.

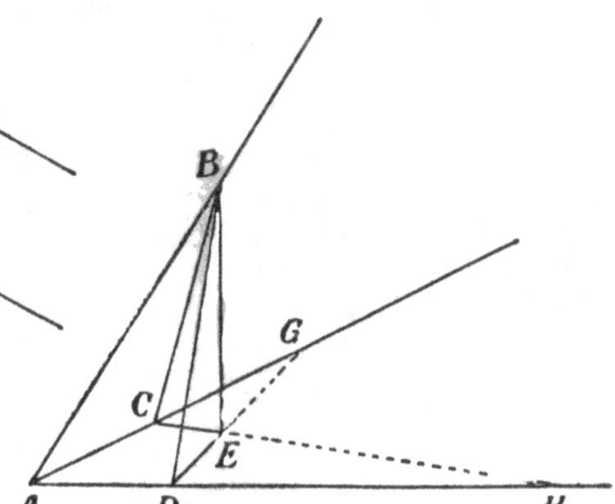

Fig. 34 b.

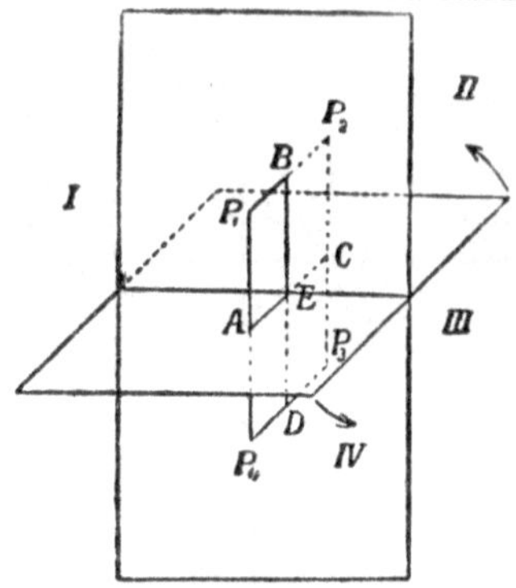

Fig. 39.

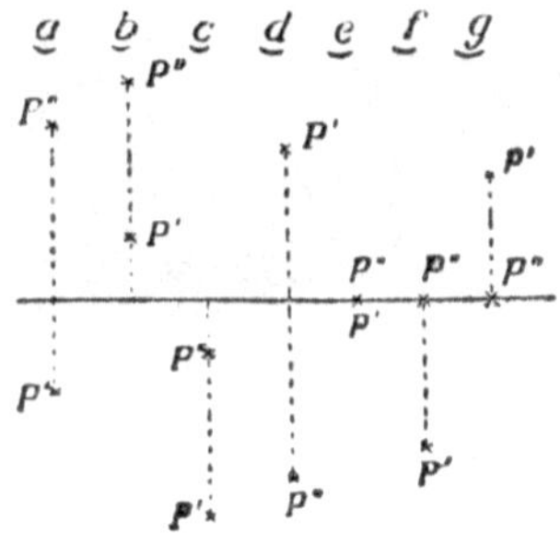

Fig. 40.

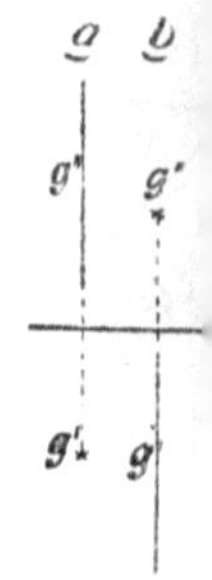

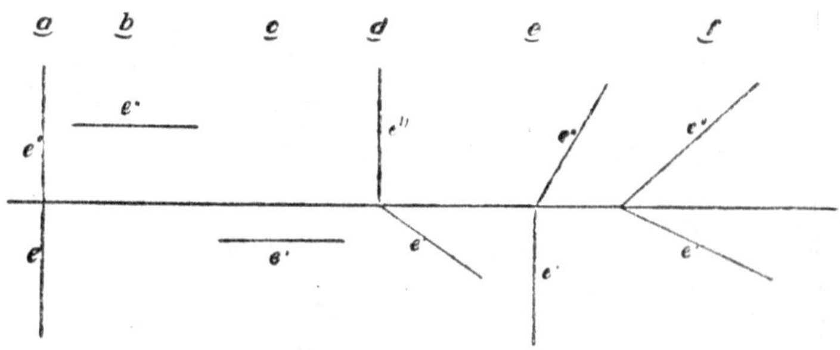

Fig. 43.

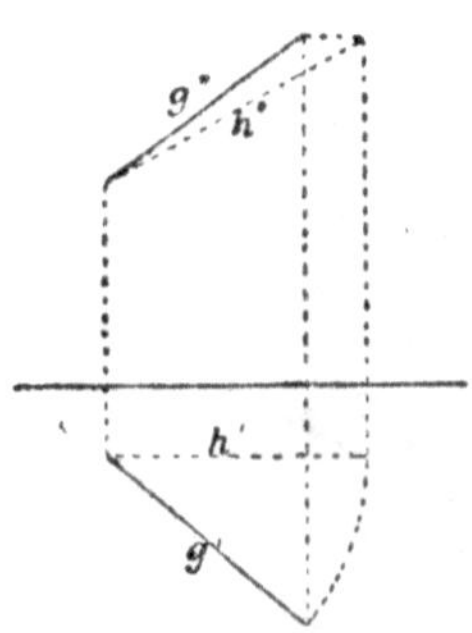

Fig. 46.

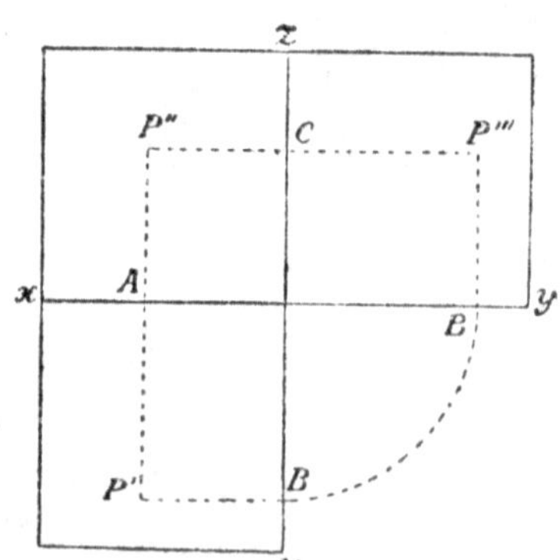

Fig. 47b.

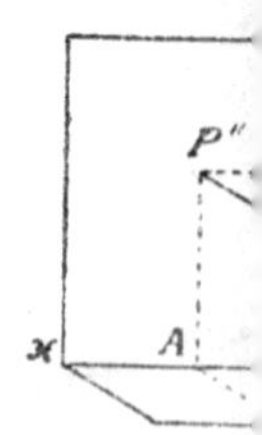

Fig.

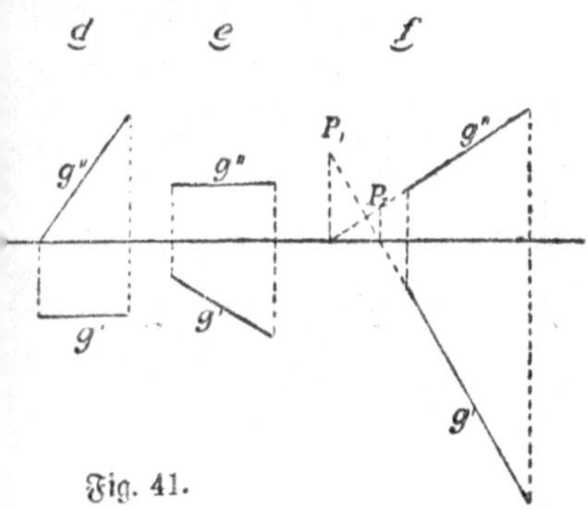

Fig. 41.

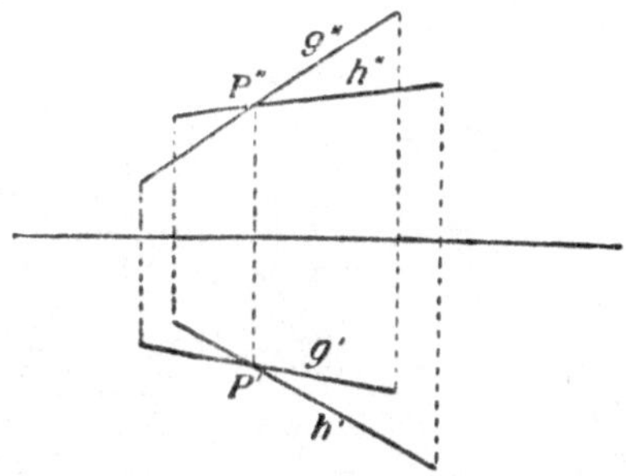

Fig. 42.

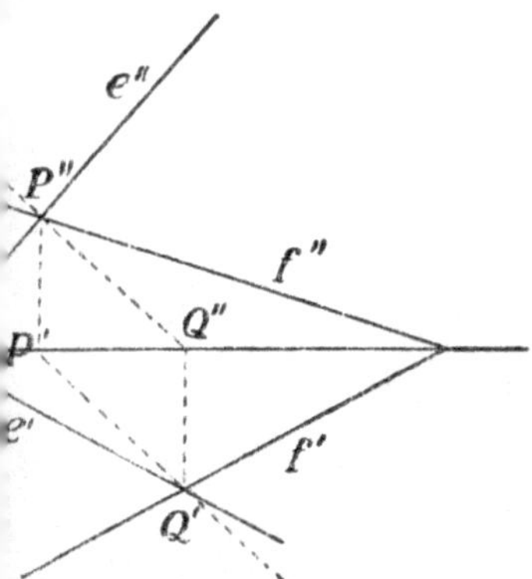

Fig. 44.

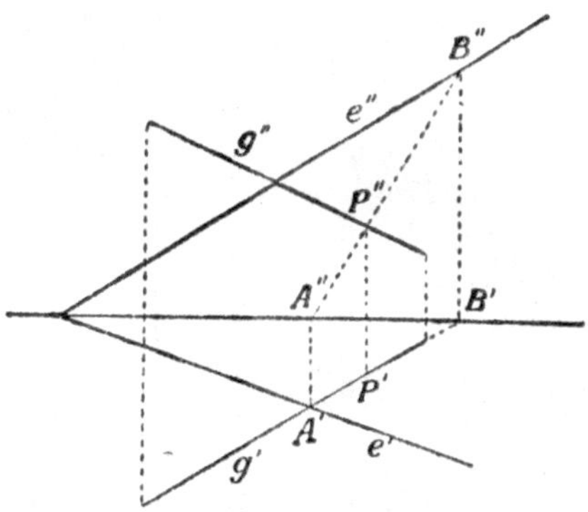

Fig. 45.

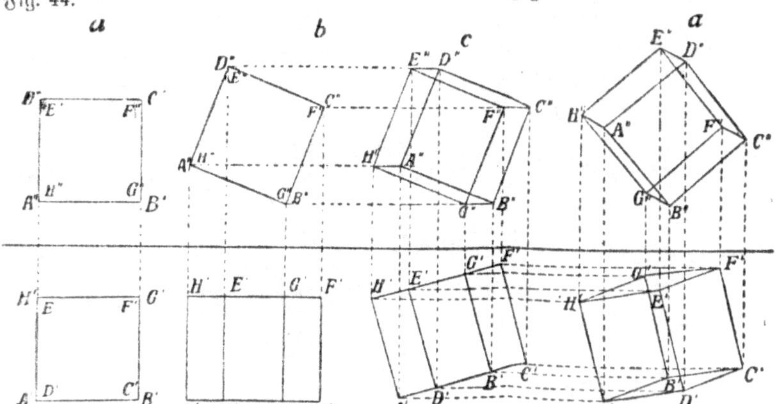

Fig. 48.

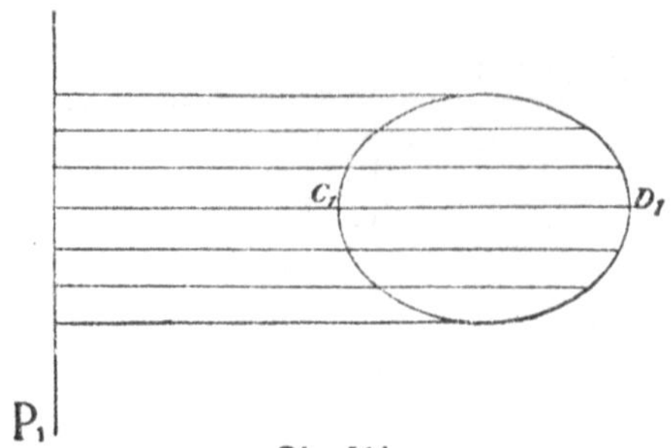

Fig. 51 b.

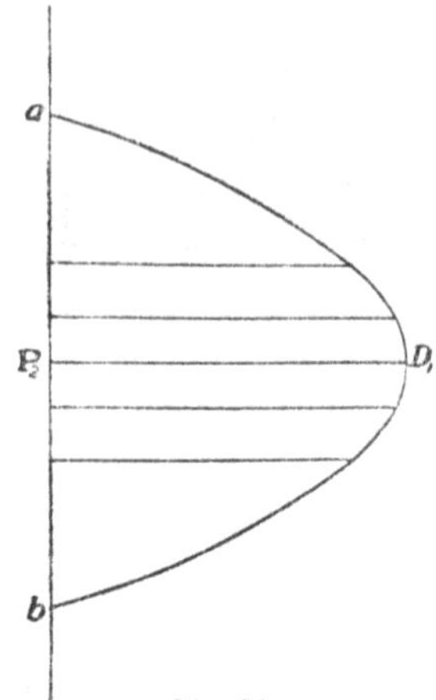

Fig. 51 c.

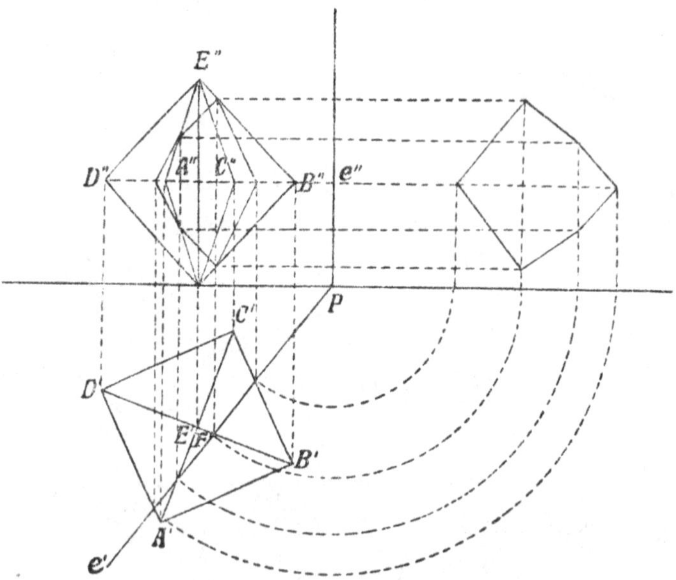

Fig. 49.

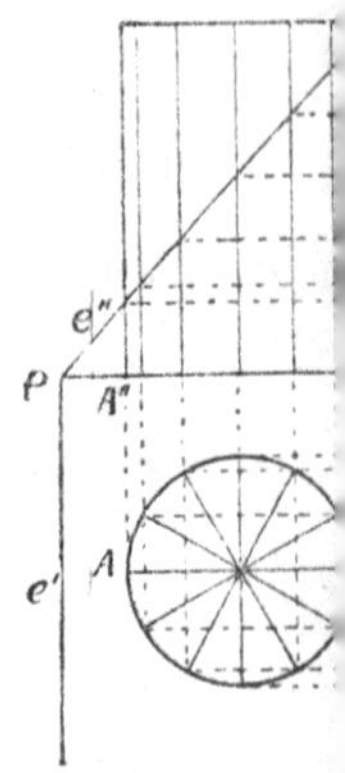

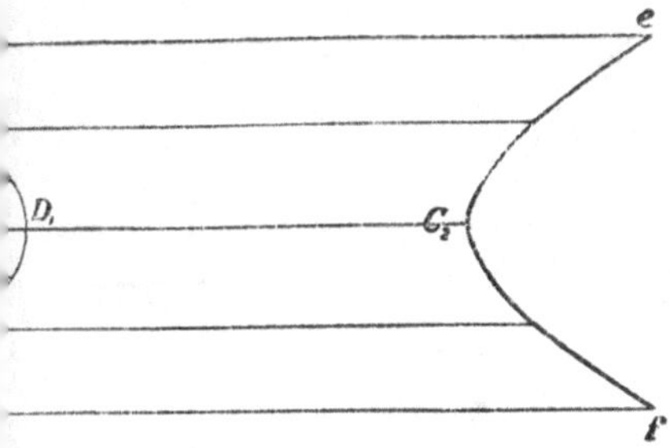

Fig. 51 d.

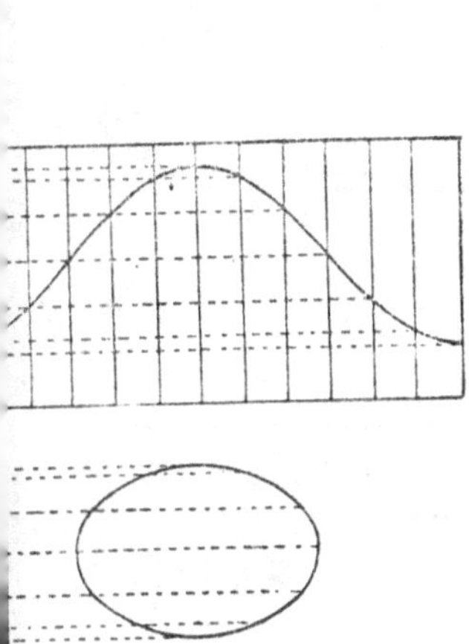

Fig. 50.

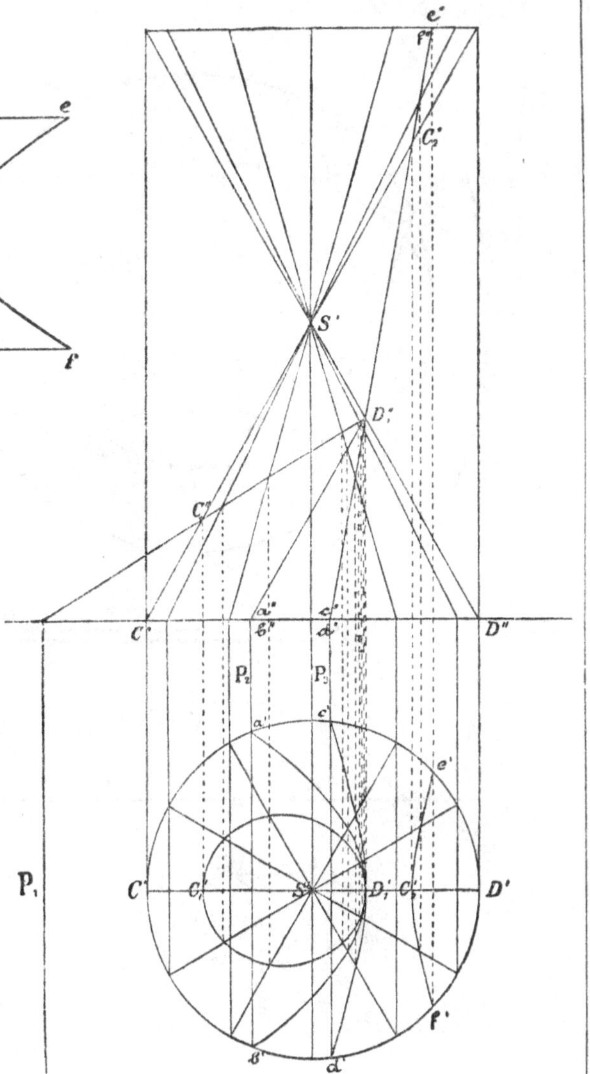

Fig. 51 a.

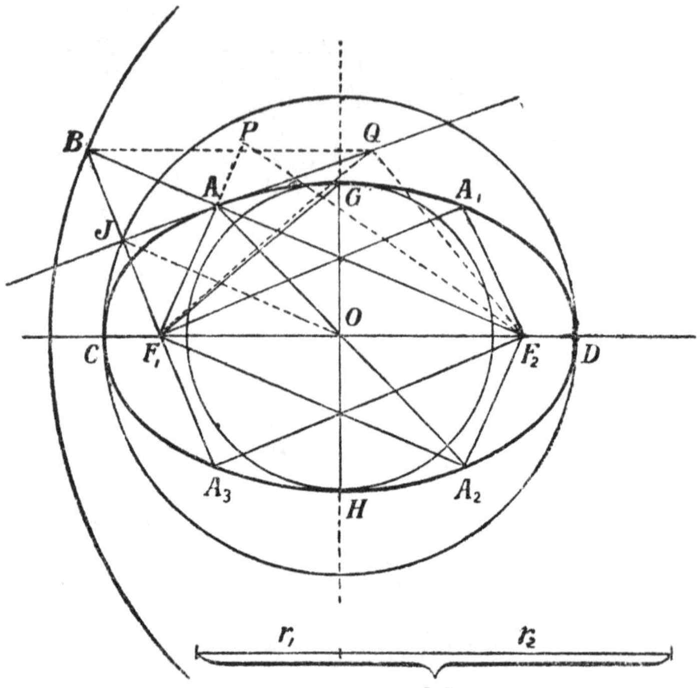

Fig. 62.

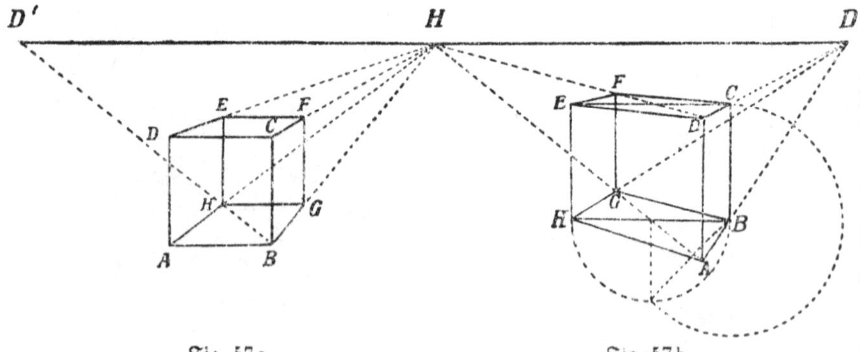

Fig. 57 a.

Fig. 57 b.

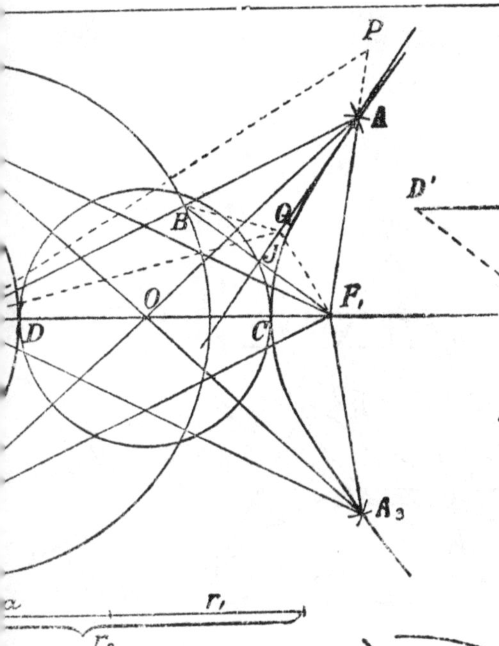

Fig. 64.

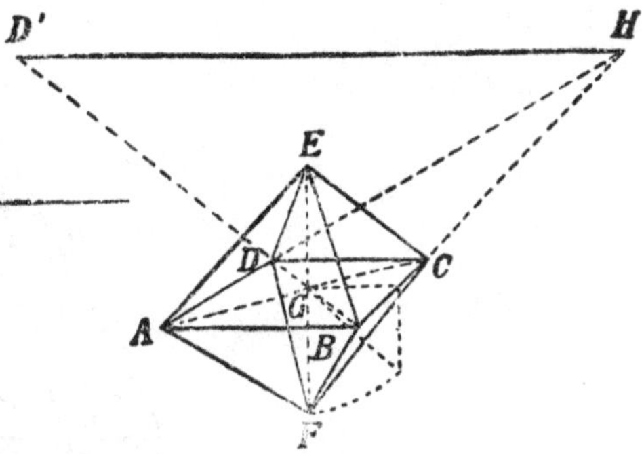

Fig. 58.

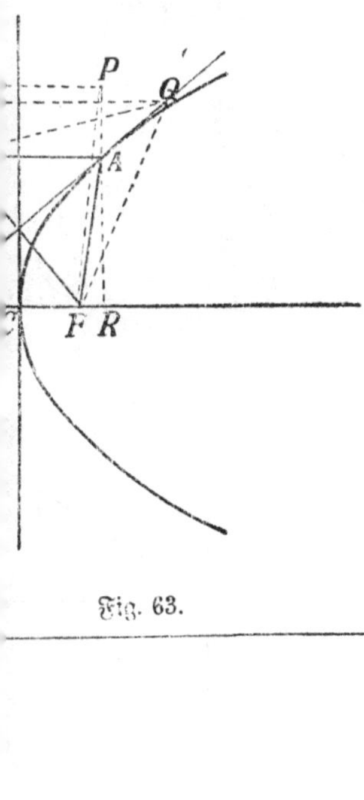

Fig. 63.

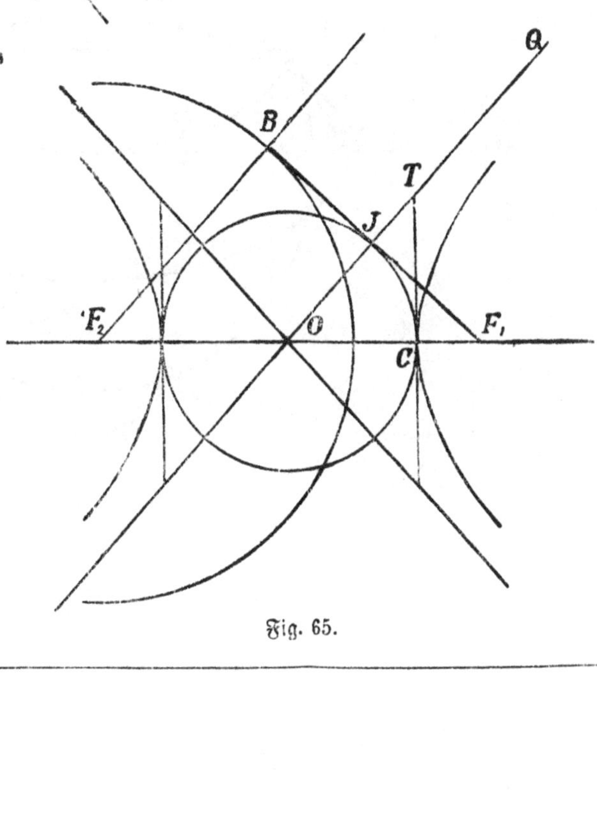

Fig. 65.

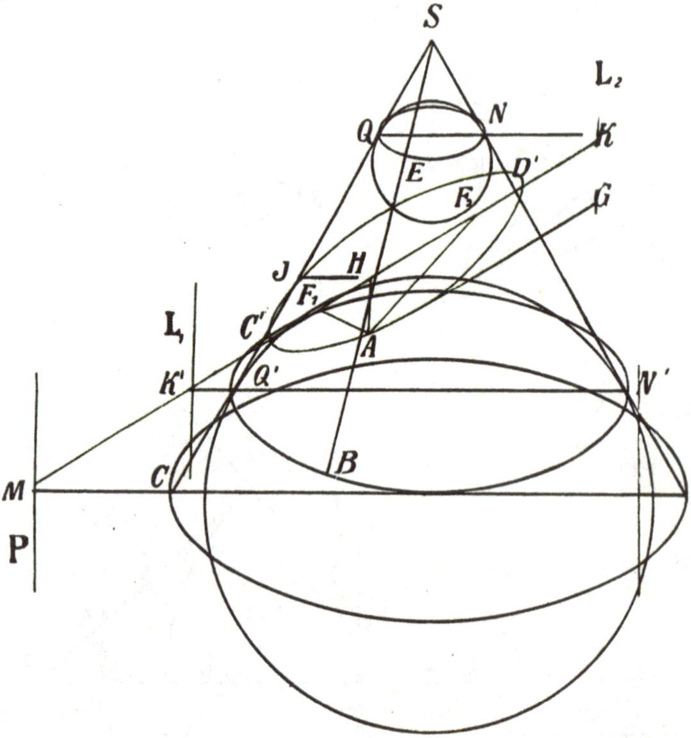

Fig. 67.

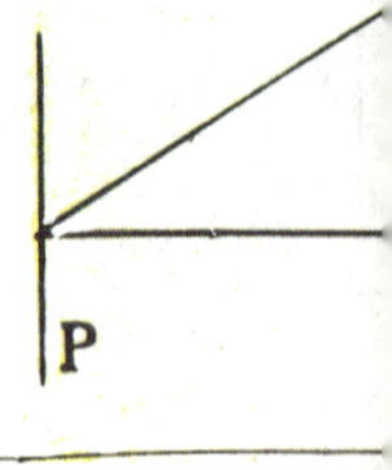

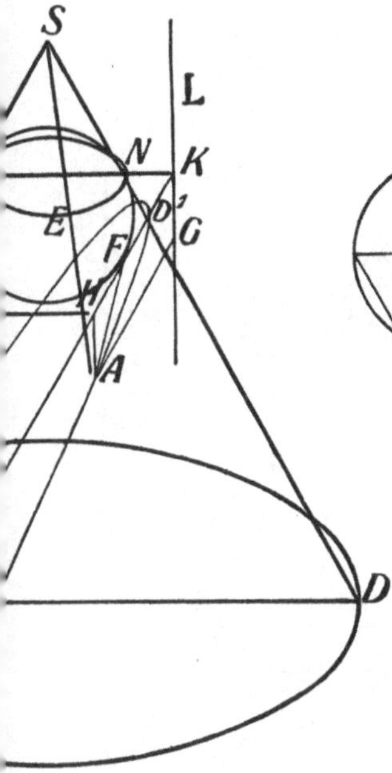

Fig. 68.

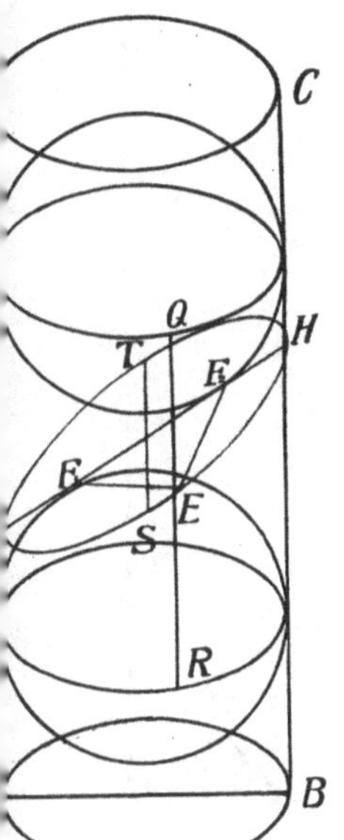

66.

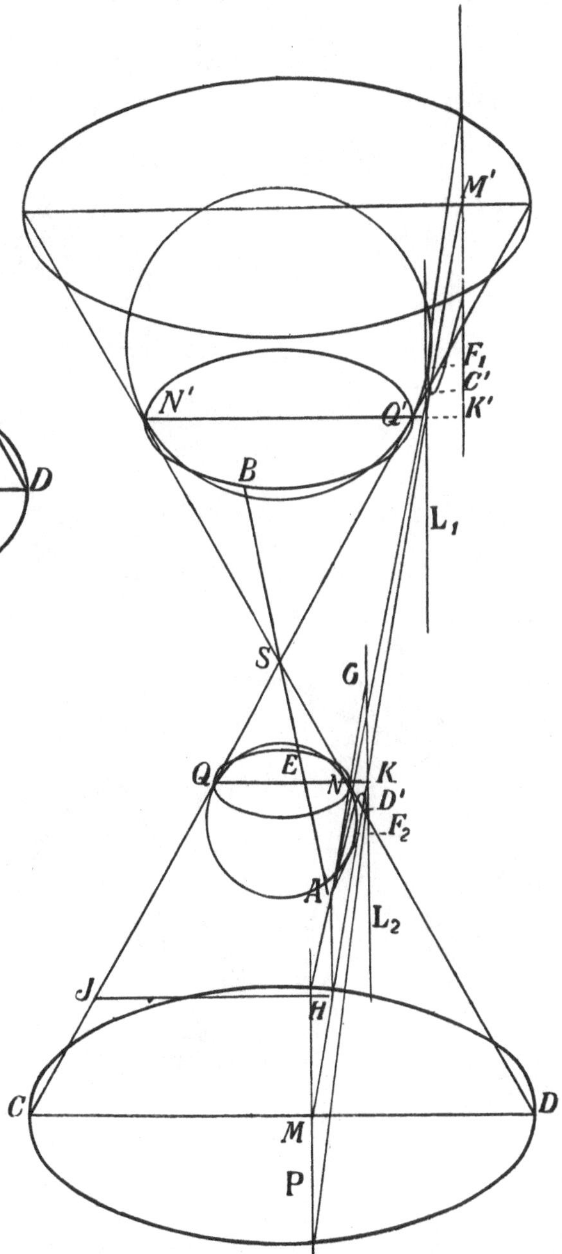

Fig. 69.

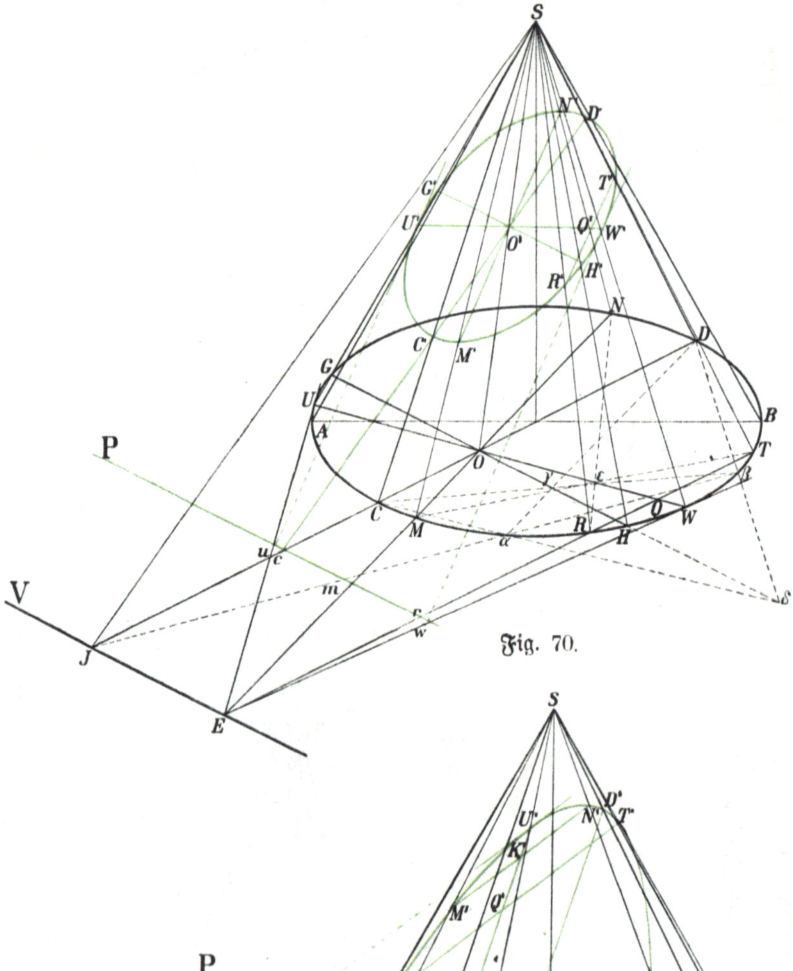
S
N'
D'
G'
T'
U'
O'
Q'
W'
H'
R'
N
C'
M'
D
G
U
B
A
T
P
O
C
M
R
H
Q
W
u
c
m
V
J
E

Fig. 70.

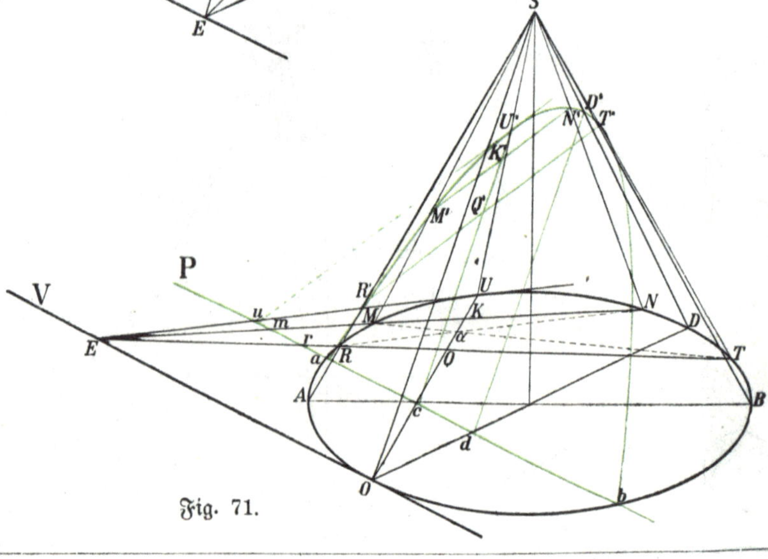
S
D'
N'
T'
U'
K'
M'
Q'
P
U
V
R'
N
u
m
M
K
D
E
r
α
T
a
R
Q
A
c
B
d
O
b

Fig. 71.

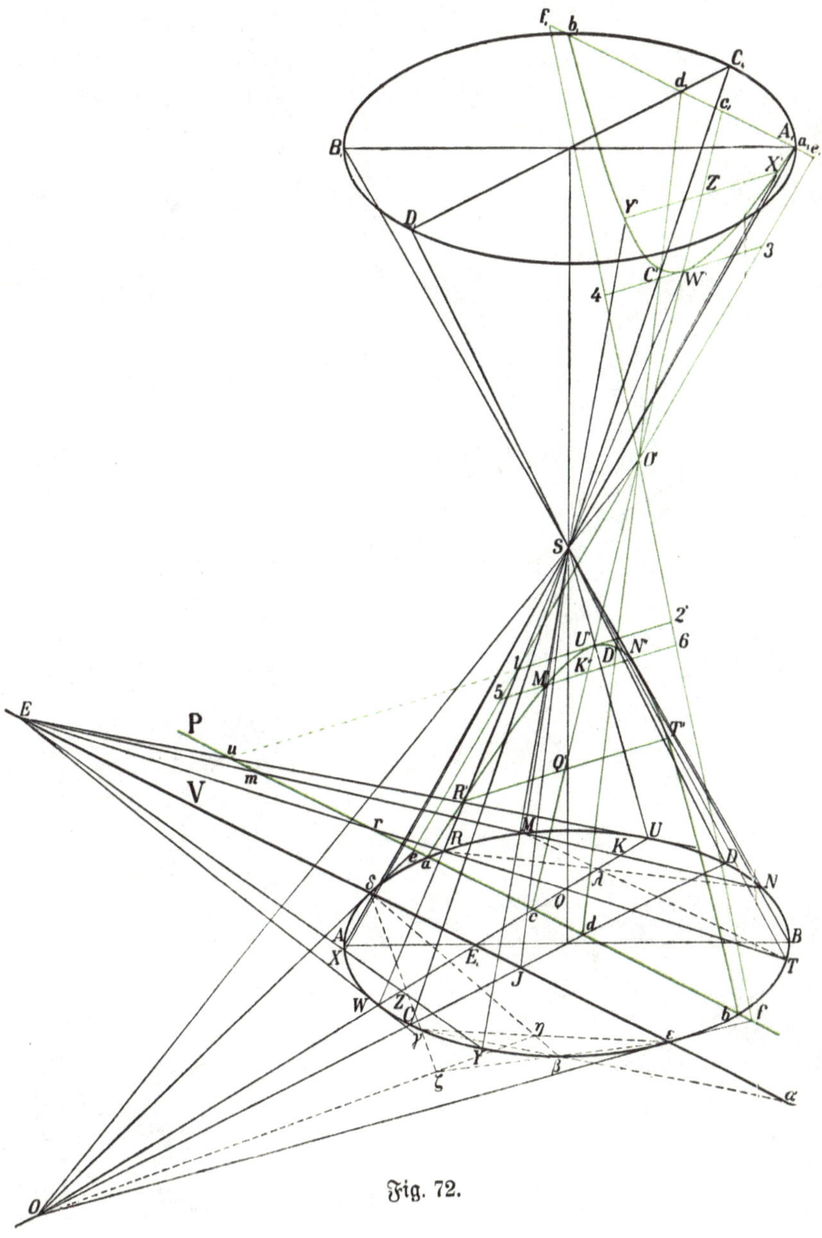

Fig. 72.

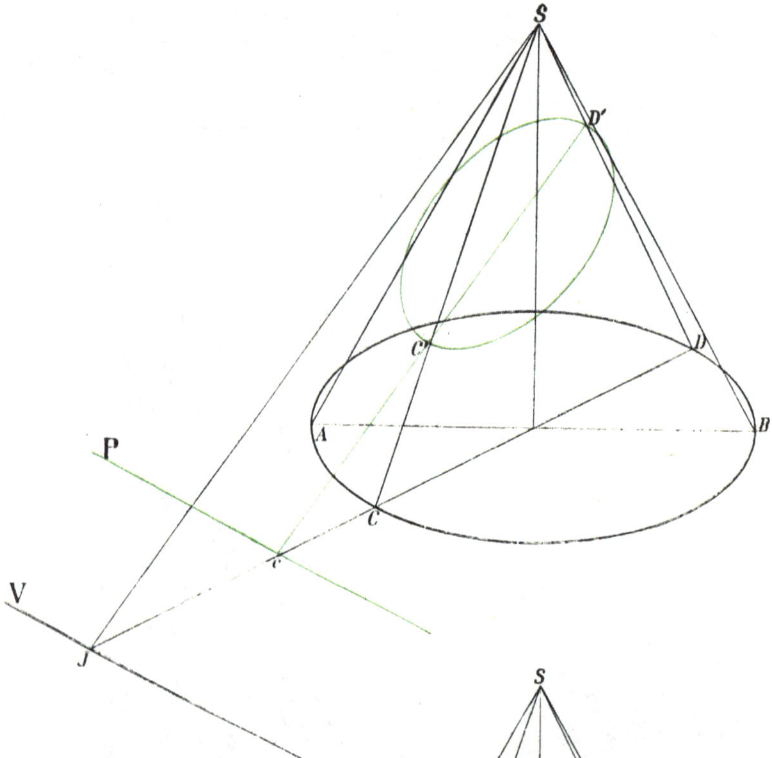
S
D'
C'
D
A
B
P
C
c
V
J

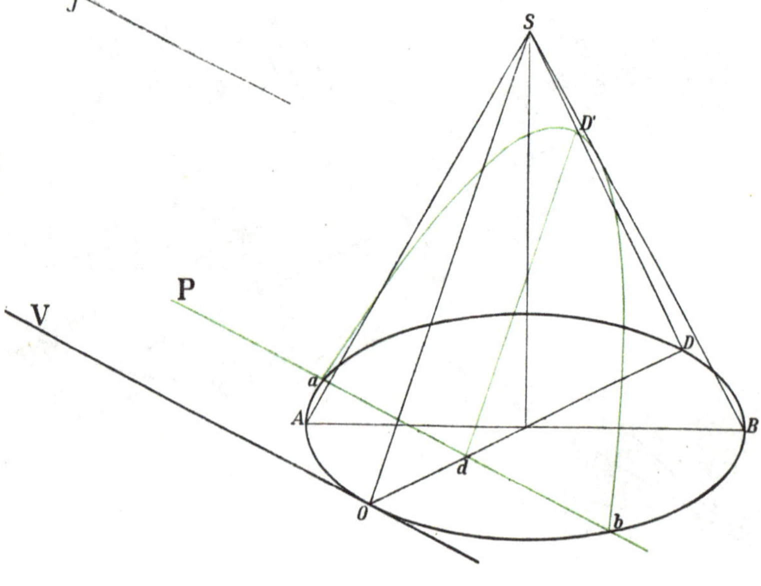
S
D'
P
V
D
a
A
B
d
O
b

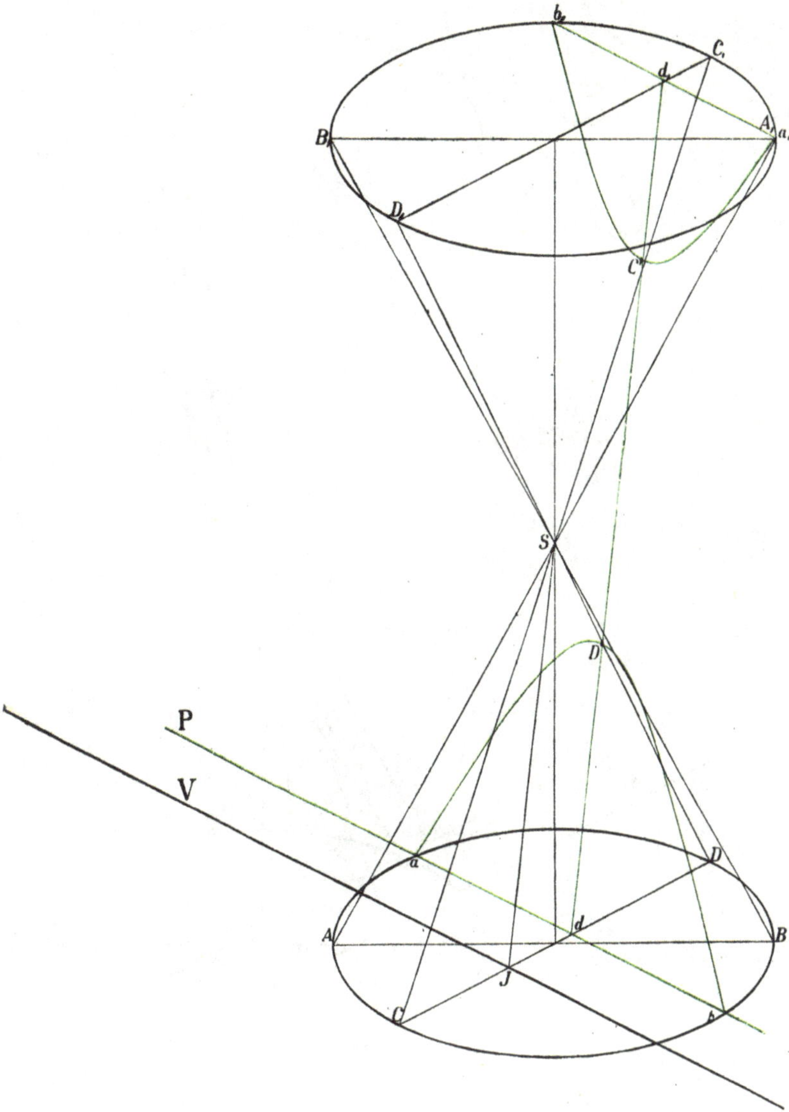
P
V
S

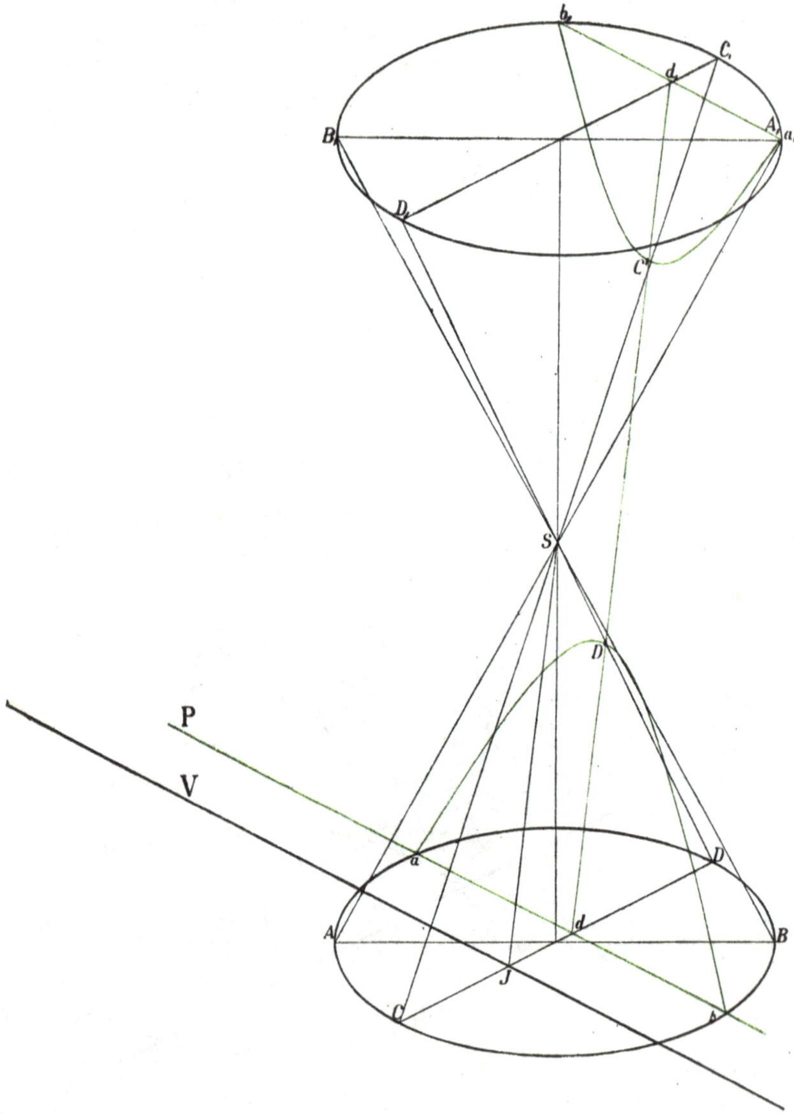
P
V
S
A
B
J
d

FSC www.fsc.org
MIX
Papier | Fördert gute Waldnutzung
FSC® C083411

Zeitfracht Medien GmbH
Ferdinand-Jühlke-Straße 7
99095 Erfurt, Deutschland
produktsicherheit@kolibri360.de